助力乡村振兴
出版计划

【乡村社会治理系列】

美丽乡村
规划建设

主　　编　　王嘉楠　　赵德先

副 主 编　　李德胜　　刘　慧　　朱紫睿

编写人员　　卞显乐　　王　梓　　祝雅思　　闫与凡

　　　　　　陈健华　　郑安迪　　唐思凡　　李晨亮

　　　　　　张　健　　张晨晨　　尚文虎　　黄晓驰

时代出版传媒股份有限公司
安徽科学技术出版社

图书在版编目（CIP）数据

美丽乡村规划建设 / 王嘉楠，赵德先主编. --合肥：
安徽科学技术出版社，2023.12
助力乡村振兴出版计划. 现代乡村社会治理系列
ISBN 978-7-5337-8859-9

Ⅰ.①美… Ⅱ.①王…②赵… Ⅲ.①乡村规划-研
究-中国 Ⅳ.①TU982.29

中国国家版本 CIP 数据核字（2023）第 211392 号

美丽乡村规划建设 主编 王嘉楠 赵德先

出 版 人：王筱文 选题策划：丁凌云 蒋贤骏 余登兵 责任编辑：陈芳芳
责任校对：张楚武 责任印制：廖小青 装帧设计：武 迪
出版发行：安徽科学技术出版社 http://www.ahstp.net
（合肥市政务文化新区翡翠路 1118 号出版传媒广场，邮编：230071）
电话：(0551)63533330
印 制：合肥华云印务有限责任公司 电话：(0551)63418899
（如发现印装质量问题，影响阅读，请与印刷厂商联系调换）

开本：720×1010 1/16 印张：10.25 字数：150 千
版次：2023 年 12 月第 1 版 印次：2023 年 12 月第 1 次印刷

ISBN 978-7-5337-8859-9 定价：43.00 元

"助力乡村振兴出版计划"编委会

主 任

查结联

副主任

陈爱军　罗　平　卢仕仁　许光友
徐义流　夏　涛　马占文　吴文胜
　　　　董　磊

委 员

胡忠明　李泽福　马传喜　李　红
操海群　莫国富　郭志学　李升和
郑　可　张克文　朱寒冬　王圣东
　　　　刘　凯

【现代乡村社会治理系列】

［本系列主要由安徽农业大学、安徽省委党校（安徽行政学院）组织编写］

总主编：马传喜

副总主编：王华君　孙　超　张　超

出版说明

　　"助力乡村振兴出版计划"(以下简称"本计划")以习近平新时代中国特色社会主义思想为指导,是在全国脱贫攻坚目标任务完成并向全面推进乡村振兴转进的重要历史时刻,由中共安徽省委宣传部主持实施的一项重点出版项目。

　　本计划以服务乡村振兴事业为出版定位,围绕乡村产业振兴、人才振兴、文化振兴、生态振兴和组织振兴展开,由《现代种植业实用技术》《现代养殖业实用技术》《新型农民职业技能提升》《现代农业科技与管理》《现代乡村社会治理》五个子系列组成,主要内容涵盖特色养殖业和疾病防控技术、特色种植业及病虫害绿色防控技术、集体经济发展、休闲农业和乡村旅游融合发展、新型农业经营主体培育、农村环境生态化治理、农村基层党建等。选题组织力求满足乡村振兴实务需求,编写内容努力做到通俗易懂。

　　本计划的呈现形式是以图书为主的融媒体出版物。图书的主要读者对象是新型农民、县乡村基层干部、"三农"工作者。为扩大传播面、提高传播效率,与图书出版同步,配套制作了部分精品音视频,在每册图书封底放置二维码,供扫码使用,以适应广大农民朋友的移动阅读需求。

　　本计划的编写和出版,代表了当前农业科研成果转化和普及的新进展,凝聚了乡村社会治理研究者和实务者的集体智慧,在此谨向有关单位和个人致以衷心的感谢!

　　虽然我们始终秉持高水平策划、高质量编写的精品出版理念,但因水平所限仍会有诸多不足和错漏之处,敬请广大读者提出宝贵意见和建议,以便修订再版时改正。

本册编写说明

根据国家、省等相关部门出台的乡村振兴发展政策，围绕改善乡村人居环境、提升农民生活品质等目标，我们组织一批有经验的专业人员，在充分调研及实践基础上编写了本书。

本书在多年美丽乡村规划的实践基础上，结合景观生态学、城乡规划学、产业经济学、可持续发展等相关学科和理论，概述了美丽乡村规划建设的相关政策背景、概念和内涵、原则和途径、模式和类型等，系统总结了美丽乡村总体布局、产业发展、人居建筑、公共设施、生态环境、乡风与文化传承、建设保障等方面内容，并介绍了近几年安徽几个美丽乡村规划案例。全书深入浅出，通俗易懂，在实践上具有较强的针对性、指导性和操作性。

随着美丽乡村、和美乡村等概念的提出，乡村建设内涵和目标得到了进一步的丰富和拓展，为此，全书除了强调自然环境的提升，也关注人与自然的和谐发展，注重乡风文明建设。美丽乡村规划建设坚持以人为本，发挥农民主体作用；坚持量力而行，逐步推进公共设施建设；坚持立足实际，围绕产业融合发展；坚持传承地方特色，突出乡村人文环境，从而打造宜居、宜业、宜游的美好家园，为建设美丽中国和美好安徽做出更大贡献。

书中部分插图由李玉龙提供，在此表示感谢！由于编者水平所限，时间仓促，书中不尽如人意之处在所难免，恳请广大读者批评指正。

目　录

第一章　绪　　论 ……………………………………………1

第一节　美丽乡村规划建设的背景 …………………………1

第二节　"美丽乡村"的概念和内涵 ………………………2

第三节　美丽乡村规划建设的目的和意义 …………………3

第二章　美丽乡村规划建设的原则和途径 ………………6

第一节　美丽乡村规划建设的基本原则 ……………………6

第二节　美丽乡村规划建设的依据 …………………………7

第三节　美丽乡村规划建设的流程 …………………………9

第四节　美丽乡村规划建设的技术路线 ……………………12

第三章　美丽乡村规划建设的主要模式与类型 ………14

第一节　产业发展型美丽乡村 ………………………………14

第二节　生态保护型美丽乡村 ………………………………16

第三节　城郊集约型美丽乡村 ………………………………18

第四节　社会综治型美丽乡村 ………………………………20

第五节　文化传承型美丽乡村 ………………………………22

第六节　环境整治型美丽乡村 ………………………………25

第七节　休闲旅游型美丽乡村 ………………………………27

第八节　高效农业型美丽乡村 ………………………………29

第四章　美丽乡村总体布局 …………………………………32

第一节　美丽乡村布局的原则 ………………………………32

第二节　美丽乡村规划的定位 ………………………………33
第三节　美丽乡村规划的布局 ………………………………34

第五章　美丽乡村特色产业发展 …………………………40
第一节　产业发展原则 ………………………………………40
第二节　产业发展主要模式 …………………………………41
第三节　产业发展规划建设要点 ……………………………43

第六章　美丽乡村人居建筑 ………………………………47
第一节　人居建筑建设原则 …………………………………47
第二节　人居建筑建设内容 …………………………………48
第三节　人居建筑建设要点 …………………………………49

第七章　美丽乡村公共设施 ………………………………60
第一节　公共设施建设原则 …………………………………60
第二节　公共设施建设内容 …………………………………61
第三节　公共设施建设要点 …………………………………62

第八章　美丽乡村生态环境 ………………………………81
第一节　生态环境治理原则 …………………………………81
第二节　生态环境治理内容 …………………………………82
第三节　生态环境治理建设要点 ……………………………82

第九章　美丽乡村乡风与文化传承 ………………………97
第一节　乡风与文化传承原则 ………………………………97
第二节　乡风与文化传承内容 ………………………………98
第三节　乡风与文化传承建设要点 …………………………99

第十章　美丽乡村规划建设的保障 ················106

　第一节　组织保障 ················106

　第二节　政策保障 ················107

　第三节　资金保障 ················108

　第四节　技术保障 ················109

　第五节　人才保障 ················110

第十一章　美丽乡村规划案例 ················112

　第一节　固镇县城关镇河东中心村美丽乡村规划 ···············112

　第二节　凤阳县府城镇大通桥中心村美丽乡村规划 ···············129

　第三节　肥东县杨店乡许岗中心村美丽乡村规划 ···············140

第一章 绪 论

　　美丽乡村规划建设是实施乡村振兴的重要任务,其基本目标是解决乡村生产生活中存在的问题,满足乡村居民宜居宜业的需求。美丽乡村规划建设是我国城乡统筹发展中的重要一环,也是美丽中国建设中不可或缺的重要组成部分。

▶ 第一节 美丽乡村规划建设的背景

　　随着我国的发展,社会主要矛盾已经转化为人民日益增长的美好生活需要和不平衡不充分的发展之间的矛盾。国家适时调整乡村发展目标,以顺应人民的需求和国家战略方向。近年来,我国持续出台了一系列政策措施,在推进农村基础设施的改善和公共服务水平的提升等方面,取得了较明显的效果。但在具体实施过程中还是暴露出部分乡村建设盲目性、文化特色不突出等问题。因此,美丽乡村建设要根据实际情况采取相应措施优化改善,科学合理规划建设美丽乡村,从而符合国家发展战略的根本要求,改善乡村居民生活环境与提升生活质量,开创乡村发展新局面,继续谱写美丽中国的新篇章。

　　安徽省自2012年以来启动美丽乡村建设,通过科学规划、认真落实,全省美丽乡村建设工作进展得有条不紊,并取得了阶段性效果,美丽乡村建设已成为造福全省农民最大规模的"民生工程"、统筹推动城乡之间快速协调有序发展工作的"载体工程"、美好安徽建设的"品牌工程"和与人民群众保持紧密联系的"桥梁工程"。2022年出台《安徽省"十四五"美丽乡村建设规划》,逐步改善农村地区的农民生产生活环境,打造产业强、生态美、乡风好、治理优、百姓富的新时代美丽幸福宜居乡村。

　　美丽乡村建设作为惠民工程,具有重要意义。农民是乡村的主人,是建设美丽乡村的参与者和受益者。美丽乡村建设,通过改善农村基础

设施和公共服务等,可满足广大农民对于美好生活的殷切期盼。同时,美丽乡村建设,可改善乡村环境和人文精神面貌,促进乡村振兴。

▶ 第二节 "美丽乡村"的概念和内涵

一 "美丽乡村"的概念

2005年,党的十六届五中全会提出"生产发展、生活宽裕、乡风文明、村容整洁、管理民主"的社会主义新农村建设目标和要求;2013年,《中共中央 国务院关于加快发展现代农业进一步增强农村发展活力的若干意见》中提到了"美丽乡村",这是国家正式文件中首次出现"美丽乡村";2017年,党的十九大提出实施"产业兴旺、生态宜居、乡风文明、治理有效、生活富裕"的乡村振兴战略总要求;2022年,党的二十大进一步提出"建设宜居宜业和美乡村"。

美丽乡村的概念自提出以来,根据时代的发展,其具体内涵在不断地更新。根据国家标准《美丽乡村建设评价》(GB/T 37072-2018),美丽乡村指的是经济、政治、文化、社会、生态文明建设协调发展,规划科学,产业兴旺,生态宜居,乡风文明,治理有效,生活富裕的可持续发展乡村(包括建制村和自然村)。

二 "美丽乡村"的内涵

美丽乡村的内涵主要包括产业发展、基础设施建设、环境治理、地域文化繁荣等多个方面。在产业发展方面,以农业产业发展为重点,以培育新兴产业、提高农业现代化水平、增加农民收入为目标;在基础设施建设方面,对房屋和基础设施进行提升改造,从群众最关心的问题入手,不断改善群众居住环境,持续提升群众的幸福感、获得感;在环境治理方面,清垃圾、清污水、清厕所、道路硬化、村庄绿化,扎实推进村容村貌改善,强化生态保护和修复,创建风光美、宜居的美好环境;在地域文化繁荣方面,持续涵育乡风文明,丰富乡村文化生活,加大农村公共文化服务投入,深入挖掘当地优秀传统文化。图1-1为美丽乡村建设的示范。

图1-1　美丽乡村建设示范

▶ 第三节　美丽乡村规划建设的目的和意义

一　美丽乡村规划建设的目的

　　美丽乡村规划建设的基本目标是让乡村具备更好的生产生活条件,因此,生活和生产基础设施的完善是具体目标之一。除此之外,改善人居环境、继承及优化地域文化、坚持生态环境资源保护与高效利用等也是具体目标,这些目标所蕴含的目的是引导乡村地区环境、人文和经济等协同提升和发展。美丽乡村建设使乡村地区建设的内涵得到了充实与完善,可全面推动并促进现代农业的科学发展、生态文明建设、乡村社会治理。通过打造富有本土特色、内容丰富、形式多样的乡村,增加农民收入水平,维护农民利益,为农民营造宜居宜业的美好生活环境,这就是美丽乡村规划建设的目的所在。

二 美丽乡村规划建设的意义

1. 美丽乡村规划建设是实施生态文明、建设美丽中国的重大举措和实际行动

乡村生态文明建设一直在我国城乡生态文明一体化建设体系中占有举足轻重的地位。实施"美丽乡村"行动,注重推进生态农业建设、推广先进节能和减排环保技术、节约与保护农业资源土地、优化农村人居环境,规划建设美丽乡村,形成绿色生活方式和生产方式,是实施生态文明建设的具体表现,也是建设美丽中国的重要途径。

2. 美丽乡村规划建设是推进城乡产业融合进程、构建新型城乡关系的有力支撑

美丽乡村规划建设能较好地推动城乡要素更加合理高效配置和自由流动,建立起新型城乡关系。美丽乡村规划建设从城乡一体化角度出发,从整体上进行规划、资源整合和推进。美丽乡村规划建设有利于加强城乡之间交流与融合,公共资源向农村倾斜,加快社会保障、实现公共服务的均等化,促进城乡统筹发展,缩小城乡间差距,完善投资环境,以及推动农村经济和社会各项事业的不断发展。

3. 美丽乡村规划建设是提升农村基础设施水平、提高农民生活质量的重要途径

提升农业农村基础设施水平是推动美丽乡村建设的重要环节,不仅直接关系到农民生产生活的体验,也代表着国家现代化水平的发展程度。农村基础设施建设包括乡村道路、用水、能源、人居环境等,通过不断完善农村基础设施建设,可满足农民群众对高品质生活的期待。各类基础设施建设的布局、结构、功能和发展模式等,都关系美丽乡村基础设施水平,也体现农村生活环境质量水平。

4. 美丽乡村规划建设是改善农村人居环境风貌、促进农村宜居宜业的重要举措

我国的农村发展虽然已取得显著成就,但总体来说,大部分农村地区的人居环境仍有提升的空间和潜力。科学建设农村人居环境,对节约土地、实现人与自然和谐发展具有积极意义。美丽乡村规划建设可以促进现代文明与乡村文明有机融合,增进农民的身心健康,转变其陈旧的思想观念和生活方式,从而促进农村物质、精神、政治等方面的全面发

展,推动生态环境的保护与修复,打造宜居的美丽乡村。

5.美丽乡村规划建设是彰显农村地域文化特色、传承优秀乡土文化的重要手段

乡村传统地域文化相比城市有一定的特色优势,如乡土传统文化资源的传承、村庄历史遗迹的保留、田园风光特色的保护等,均是乡村文化符号的表达。将美丽乡村文化建设融入"三农"产业发展中,与村庄生态环境治理、文化保护与旅游文化相结合,重视农村文化传承,可进一步加快推动农村经济发展,突显乡村特色,更好地维护乡村田园风貌,反映地域文化风格,探索出符合乡村当地发展之路。

第二章 美丽乡村规划建设的原则和途径

第一节 美丽乡村规划建设的基本原则

美丽乡村规划建设是一项长期而复杂的系统工程,牵扯面广、工作量大、内容多、资源整合和统筹协调难度大,因此必须遵循统一的原则,有序推进。

一 规划先行,因地制宜

规划前要对乡村的自然资源情况和社会经济情况进行预调研,掌握乡村地区的总体状况,根据乡村地区的实际情况确定美丽乡村规划目标。规划过程中要以高质量、高要求的标准来编制和完善美丽乡村的规划,充分发挥规划的引领作用。美丽乡村规划着重考虑与上位规划、土地利用、产业发展和改善农村土地综合整治规划之间的联系,加强规划的前瞻性、科学性和可行性,符合实际要求,注重实际效果,根据各个乡村实际情况设定不同的建设目标,形成不同模式的美丽乡村格局。

二 以人为本,村民参与

美丽乡村规划建设是当前乡村建设和发展的重要任务之一,既要发挥政府的领导作用,又要发挥群众的主体作用。明确和持续加强农民的主体作用,以农民的利益为重,充分发挥农民的主观能动性和创造性,尊重其知情权、参与权、决策权和监督权。美丽乡村建设的目标是满足群众生产生活的物质文化需求,村民既是乡村建设的参与者也是受益者,积极引导其加入美丽乡村规划建设,才能更好地满足人民群众对美好生活的向往。

三 科学布局，合理用地

美丽乡村规划建设要考虑居民建设用地与耕地和蓝绿空间等用地的关系，保护良好的村庄生态环境。在此基础上，循序渐进，逐步配套完善，全面实施乡村居民生产生活环境质量的提升，注重从根源和区域的角度解决农村环境问题，推进生态人居建设，推动区域性路网、林网、河网等整合建设，从空间布局上提高乡村建设合理性。

四 生态优先，突出特色

在尊重自然规律、充分保护农村生态环境的基础上，依托乡村地方特色，坚持建设与保护、培育与传承的有机统一，保护农村的文化遗产，使美丽乡村建设的地方特色不断突显。可利用当地特有的自然资源、优美的景观环境和浓郁的文化特色等资源禀赋和特色优势，充分挖掘传统农业及人文环境亮点，推动"生态旅游+"的开发、保护和建设。

五 动态管理，有序发展

建立健全美丽乡村规划建设与评估体系，以评估为检验依据，推动和巩固美丽乡村规划建设，进行美丽乡村动态管理；同时，以评促建，不断推动构建美丽乡村建设的质量体系，提升美丽乡村建设的水平；有系统、有步骤、有重点地对美丽乡村建设各项内容进行不断的推进和完善。

▶ 第二节 美丽乡村规划建设的依据

"美丽乡村规划建设"提出以后，国家和地方陆续出台相关标准和规范文件，这些标准与文件是美丽乡村规划建设参考的基础。

一 国家层面相关文件

1.《美丽乡村建设指南》(GB/T 32000—2015)

为推动美丽乡村的建设和发展，实现美丽乡村的"可持续、保生态和惠民生"这一目标，2015年，中华人民共和国国家质量监督检验检疫总局、中国国家标准化管理委员会批准发布了《美丽乡村建设指南》(GB/T 32000—2015)(以下简称《指南》)。《指南》对美丽乡村的村庄规划和建设、

生态环境、经济发展、公共服务、乡风文明、基层组织、长效管理等领域规定了21项量化指标的建设要求,成为全国首个指导美丽乡村建设的国家标准,为指导各地美丽乡村建设提供了框架性、方向性的技术指导,使美丽乡村建设有标可依、乡村资源配置和公共服务有章可循,对提升美丽乡村建设质量和水平发挥了重要的引领作用。

2.《美丽乡村建设评价》(GB/T 37072-2018)

《指南》出台后,全国掀起了推进美丽乡村建设的高潮,为了保证美丽乡村建设试点工作能够实现"规划更合理、建设高质量、管理高效率、维护可持续、服务有依据、评价更科学"的目标,进一步巩固各省开展美丽乡村试点经验的成果,同时指导试点省份之外的地区开展美丽乡村建设工作,国家市场监督管理总局、中国国家标准化管理委员会于2018年发布《美丽乡村建设评价》(GB/T 37072-2018)。该文件的相关标准由国务院农村综合改革工作小组办公室提出,规定了美丽乡村建设的评价原则、评价内容、评价程序、计算方法,适用于美丽乡村建设的综合评价。

3.《乡村建设行动实施方案》(2022年)

乡村建设是实施乡村振兴战略的重要任务,也是国家现代化建设的重要内容。为扎实推进乡村建设行动、提升乡村宜居宜业水平,2022年5月,中共中央办公厅、国务院办公厅印发了《乡村建设行动实施方案》(以下简称《方案》),提出了乡村建设的总体要求、重点任务,以及推行创新乡村建设的推进机制,强化政策支持和要素保障,加强乡村建设的组织领导。《方案》从责任落实、项目管理、农民参与、运行管护等方面提出乡村建设实施机制。根据《方案》,到2025年,乡村建设取得实质性进展,乡村人居环境得到改善,乡村公共基础设施覆盖取得有效进展,农村基本公共服务水平稳步提升,农村精神文明建设进一步加强,农民获得感、幸福感、安全感增强。

二 安徽省相关文件

1.《安徽省"十四五"美丽乡村建设规划》

为贯彻落实党中央、国务院关于全面推进乡村振兴战略、实施乡村建设行动的要求,2022年3月,安徽省农业农村厅、安徽省发展和改革委员会依据《安徽省国民经济和社会发展第十四个五年规划和2035年远景目标纲要》,编制了《安徽省"十四五"美丽乡村建设规划》。该文件主要聚焦村容整治、兴业富民、乡村文明方面,提出了安徽省"十四五"美丽乡村建设规划的总体要求、总体布局、重点任务与保障措施,为安徽省美丽乡村建设任务指明了方向。

2.《安徽省"十四五"农村人居环境整治提升行动实施方案》

为加快农村人居环境整治提升的进程,2022年7月,中共安徽省委办公厅、安徽省人民政府办公厅印发《安徽省"十四五"农村人居环境整治提升行动实施方案》(以下简称《实施方案》)。《实施方案》聚焦当前农村人居环境存在的问题,如深化农村改厕、生活污水治理、生活垃圾治理"三大革命"和村庄规划建设提升、村庄清洁、畜禽养殖废弃物资源化利用"三大行动",建立健全长效建设管护机制,加强政策扶持力度和强化组织保障。《实施方案》注重任务落实,并根据安徽实际情况提出相应内容,为安徽省农村人居环境整治提升工作提供了针对性举措。

▶ 第三节 美丽乡村规划建设的流程

美丽乡村规划建设大致需要以下六步程序:前期工作的准备、现状调查及分析、发展目标的确定、规划方案的编制、规划成果的审查、规划建设的保障。

一 前期工作的准备

美丽乡村规划建设前,建设主体应该从乡村经济发展、资源基础、交通基础、产业基础、基础设施等方面判断乡村规划建设的必要性和时序性。前期建设主体需要准备的工作主要包括向上级主管部门的请示、村委会意见的集中、找村民代表座谈、规划建设方案、经费筹措等。然后确定规划编制单位,开展村庄规划编制工作。

二 现状调查及分析

1.资料收集

实地考察前,对接乡镇政府和县(市、区)人民政府美丽乡村建设专门协调机构,制定基本资料调查大纲。从县(市、区)、乡镇(街道)、村(社区)组织收集相关资料,全面掌握村域内自然资源状况、地质灾害、人口和社会经济发展、各类基础设施建设、村级地形图、卫星影像图、上位规划及相关规划等内容。通过资料整理,初步确定调查方向,编制调查问

卷,为进村实地调研做好前期准备。

2. 实地调研

实地调研主要包括村庄环境和村民意愿调查两部分。村庄环境需要调查乡村周边环境、乡村建筑、乡村交通、乡村公共基础设施、乡村产业、乡村风俗习惯等,全面了解当地的历史背景、自然环境、文化底蕴、人文风俗等概况。村民意愿调查,即通过问卷调查、入户走访、代表座谈等方式,充分听取村民意愿和诉求,确保规划符合村民意愿。

3. 现状分析

根据资料收集、实地踏勘、入户调查、问卷调查和访(座)谈等形式的调研,总结村域自然和人文现状,分析村域提升生态和人居环境、发展主导产业、增加农民收入和解决其他问题的有效途径。

（三）发展目标的确定

根据乡村建筑、基础设施、生态保护、人居环境、历史文化、产业发展、村民意愿等调查结果,提出乡村地区发展战略与对策,制定乡村建设中远期发展目标,有利于厘清乡村发展思路,明确村庄定位和今后发展目标。

（四）规划方案的编制

规划方案主要从发展用地布局、特色产业发展、基础设施提升、生态环境整治、乡村文化振兴等方面进行编制,还要明确规划近期实施的重点项目。

1. 发展用地布局

根据乡村土地利用现状,对村庄建设用地(村民住宅用地、村庄公共服务用地、村庄产业用地、村庄基础设施用地、村庄其他建设用地)、非村庄建设用地(对外交通设施用地、国有建设用地)、非建设用地(水域、农林用地、其他非建设用地)等各类用地从总体上进行安排。重点是对村庄"生产、生活、生态"三生空间进行布局。

2. 特色产业发展

结合乡村的产业发展基础和自然环境资源,充分发挥乡村地理位置和资源优势,培育和发展乡村优势和特色产业,优化乡村产业结构,从而改善乡村产业现状,拓宽农民就业增收渠道,持续增加乡村产业链的增值收益。

3.基础设施提升

在统筹城乡一体化发展中,基础设施资源配置是较为关键的一环。乡村基础设施包括生活性基础设施和生产性基础设施。乡村生活性基础设施包括电力、通信、饮水、垃圾处理、污水处理等设施;生产性基础设施包括防洪涝、水利灌溉、田间道路、农业机械等设施。要依据乡村基础设施建设的实际需求及未来发展方向,确定不同类型基础设施建设的时序性。

4.生态环境整治

乡村生态环境整治是美丽乡村规划建设的核心内容之一。乡村环境综合治理包括生活垃圾治理、山水自然资源修复、村容村貌景观环境提升等。通过一系列生态环境整治工程的实施,乡村环境基本实现干净、整洁、有序,农民群众环境卫生意识得到进一步提高,推动生态宜居美丽乡村建设的进行。

5.乡村文化振兴

乡村文化包含乡村的兴衰荣辱和沧桑变化的历史,具有重要的历史价值、文化价值、科学价值和教育意义,需要我们去保护、挖掘和利用。乡村文化景观主要包括物质和非物质文化景观,其中,物质文化景观有古建筑、传统民宿、特色村巷等传统聚落景观,以及山、水、林、湖等与田园交融的自然景观;非物质文化景观包括传统手工艺、风俗习惯、民间艺术、精神信仰、历史传说等。乡村文化振兴需要对有益的乡村文化景观进行传承与保护,对不文明的乡风进行治理,让物质文明和精神文明协同发展,推进乡村文化振兴。

(五) 规划成果的审查

规划成果应该通过各类公示论证方式及村民意见征询等环节,反复修改完善后上报。论证是指规划成果通过评审等方式,针对评审专家的意见进行规划的更正、修改或补充。村民意见征询是要村民以主人翁的态度参与规划的编制,组织村民充分表达意见,参与集体决策,协商确定规划内容。

(六) 规划建设的保障

美丽乡村规划建设需要落地才能发挥作用,如何保障规划的实施也是需要关注的一步。保障机制需要政策保障,落实主体责任、出台扶持

政策、建立工作机制、督促项目建设等;保障机制需要资金保障,争取国家政策性资金、地方财政配套资金和社会资本参与;保障机制需要人才保障,引进重点产业人才,吸纳和培养本地村民,健全人才培育体系,带动村庄发展与村民致富;保障机制需要技术保障,加强与高校、科研院所的合作,构建以校地为主体的多层次的产学研协同创新体系,加大农业新品种、新工具、新技术的研发与应用。

▶ 第四节 美丽乡村规划建设的技术路线

美丽乡村规划主要通过前期准备,明确定位,制定总体规划与专项规划及相关保障措施,实施规划内容,从而完成美丽乡村规划建设的任务。在前期准备阶段,通过对乡村规划背景、区域解读等实地调查、文献资料的收集整理,明确乡村的现状,从而确定美丽乡村规划的思路,编制美丽乡村总体规划,包括规划原则与依据、发展目标、规划模式、规划策略和布局。在专项规划中,要突出特色产业发展,完善乡村地区基础设施规划,对乡村的生态环境进行整治修复,继承发扬乡村地区民风文化。在建设阶段,要选择并构建产业体系,对建筑、道路、基础设施、公共服务等专项进行建设改造,通过环境治理、景观绿化和生态修复对乡村人居环境进行提升,开展相关宣传活动。图2-1为美丽乡村规划建设的技术路线图。

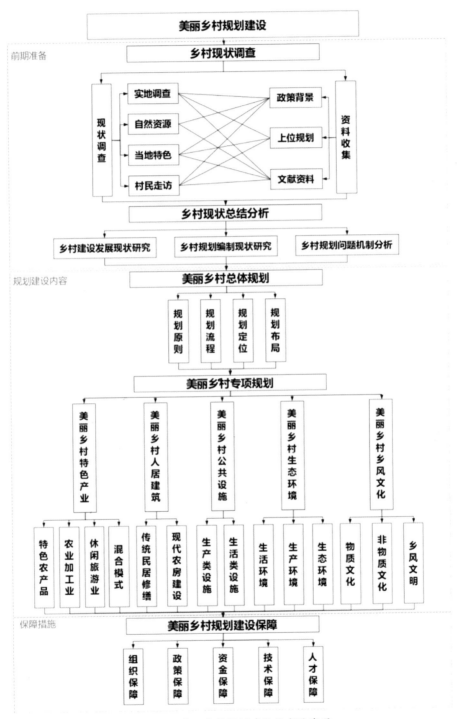

图2-1 美丽乡村规划建设技术路线图

第三章

美丽乡村规划建设的主要模式与类型

我国地域辽阔、不同地区自然资源禀赋各异,加之各地社会经济具有差异性,这些决定了各地区美丽乡村建设模式的不同。自美丽乡村创建活动开展以来,各地积极推进美丽乡村建设模式的探索和实践,涌现出一大批各具特色的典型模式。国家农业农村部发布的中国美丽乡村建设十大模式包括产业发展型、生态保护型、城郊集约型、社会综治型、文化传承型、渔业开发型、草原牧场型、环境整治型、休闲旅游型和高效农业型等。这些模式可为中国各地美丽乡村建设提供规划蓝本(其中,渔业开发型美丽乡村、草原牧场型美丽乡村适用地区具有局限性,本书不做具体分析)。每种模式都代表某一类型的乡村在当地民俗文化、自然环境、产业资源等条件下,遵循乡村发展规律,探索美丽乡村建设的成功路径。

▶ 第一节　产业发展型美丽乡村

一　概念

产业发展型美丽乡村是指产业优势和特色明显,农民专业合作社、龙头企业发展基础好,产业化水平高,初步形成"一村一品""一乡一业"的模式,实现了农业生产聚集、农业规模经营、农业产业链条不断延伸、产业带动效果明显等目标,美丽乡村建设的目标因而也得以实现。

例如,安徽省合肥市大圩镇新民村,经过多年的不断探索,如今种植面积有3 000多亩(1亩≈666.7 m²),农产品年产量近万吨。该村发展以葡萄为主导的农业产业,带动休闲旅游,实现了农民增收。葡萄避雨设施、水肥一体化设施、促早栽培技术等在村域内全面推广,大圩葡萄如今已形成规模化、标准化、品牌化发展模式(如图3-1所示)。

图3-1　产业发展型美丽乡村案例——合肥市大圩镇新民村

二 主要特点

产业发展型模式主要针对具有较好经济条件、较强产业特色的乡村,其特征如下:

1.产业特色明显

建立以某一特色产业为主导的现代化产业发展体系,非农业产业作为主导,可反哺农业。主导产业是带动农民致富、促进农村发展的驱动因素,是推动当地美丽乡村建设的内在动力。

2.规模化程度高

产业发展型美丽乡村以农业产业作为支撑,实现产业组织化经营、规模化生产,形成了农村内部的分工合作,并逐步形成了以村民为核心的产业发展主要力量。

3.农民收入高

农民通过学习和培训掌握产业发展的专业技能,成为支持产业发展的专业从业者,部分农民担任产业发展的高级管理人员。工资性收入成为农民的主要收入来源,农民整体收入水平较高。

4.集体经济壮大

集体经济成为产业发展的主导力量,初步形成规模化经营,集体经济状况良好。受益于集体经济的发展壮大,农业基础设施较为完善,农民的生产和生活水平得到提高。

三 建设策略

建设产业发展型美丽乡村的主要策略是打造突出的优势产业,完善产业链,快速推进产业发展壮大。

1.发展特色品牌

根据乡村的产业资源优势发展具有地方特色的农业产业,大力推广特色品牌,积极培育驰名商标或相关认证农业产品。集中各项资源,完善特色品牌的产业链,并积极引导各种生产要素集中到产业品牌发展中。通过用心经营、自主创新和申请专利等方式,培养具有较强市场竞争力与较高知名度的品牌,在生产、加工等过程中培育出一批管理科学规范,具有专业核心技术和自主知识产权的产业品牌。

2.完善基础设施

基础设施建设是产业发展的基础和保障,因而要布局建设现代化基础设施,推进数字转型、智能升级、融合创新等方面基础设施建设,其主要完善内容包括升级改造老旧设施、强化技术装备更新、扩大规模化生产、推广智能化控制等,提升现代设施农业集约化、标准化、机械化、绿色化、数字化的水平。

3.培养专业人才

引导新型农民培训方式转型、目标转型,提升劳动者整体素质,提高劳动者的职业技能。通过建立健全农民职业教育培训制度,加强与高等院校、科研单位联系,进行新型农民职业技术培训,培养具有现代化生产工艺和现代化生产技术的专业化人才。

▶ 第二节   生态保护型美丽乡村

一 概念

生态保护型美丽乡村指在具有良好自然景观与生态环境的地区,对丰富的自然资源进行开发、利用与保护,将生态资源的优势转化为乡村地区发展的优势,实现生态、经济与社会发展相协调的美丽乡村建设的目标。

例如,安徽省黄山市歙县坡山村,自然环境优美,生态资源丰富,特殊地理小气候易形成云海景观,其云海景观被誉为"皖南最美瀑布云",每年摄影爱好者、游客络绎不绝。坡山村依托优质自然资源,大力发展乡村旅游,让绿水青山变成金山银山(图3-2)。

图3-2　生态保护型美丽乡村案例——黄山市歙县坡山村

二　主要特点

1. 生态资源丰富

乡村地区生态环境优美,有丰富的地形地貌、水资源、森林资源、田园景观等,自然条件优越,环境状况良好,具有明显的地域特征。

2. 乡村环境良好

乡村周围无城市"三废"污染源,大气环境质量优良,土壤污染较少,水环境质量良好,总体呈现出土壤清洁、河流清澈、空气清新的环境特点,具有乡村特色。

3. 开发潜力巨大

良好的自然生态环境是发展有机农业、自然教育、康养产业等项目的先决条件,在不破坏生态环境的前提下,可发展绿色产业,绿色产业存在巨大的开发潜力,可将生态资源合理开发,将其转化为经济优势,深入践行"绿水青山就是金山银山"的理念。

三　建设策略

建设生态保护型美丽乡村,坚定不移走绿色、低碳、环保的发展道

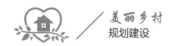

路,保护自然生态,促进人与自然和谐共生。

1.保护自然生态

引入保护自然、尊重自然、顺应自然的生态文明理念,探索人与自然和谐共生之路,将绿色发展、低碳发展、循环发展作为乡村发展目标,坚持生态优先原则,不断加大保护和修复自然生态的力度,倡导节约型生产生活方式,根源性控制环境污染,保护绿水青山,增加植树造林,加强环境修复,从源头上保护和修复自然生态环境。

2.发展生态农业

贯彻低碳生态理念,重点发展有机农业、生态农业和循环农业,推广包括节药、节水、节肥、秸秆还田等技术在内的清洁农业,生产安全农产品,包括有机食品、绿色食品、环境友好型农产品和无公害农产品,建设农业废弃物处理厂,分类回收农作物秸秆和粪便,打造高附加值生态产业,创建生态标签,树立生态品牌。

3.改善人居环境

贯彻资源化、减量化、再利用的循环经济理念,注重生活垃圾、生活污水等废弃物的资源化利用,整治农村环境卫生,推进农村供水、改厨、改厕等工程,改善农村家庭的卫生条件。按照农民意愿建设生态庭院,建设小菜园、小果园、小花园等,建设村容整洁、家园清洁、各项环境指标逐步提升的乡村人居环境。以生态建设为契机,推进资源节约型、环境友好型产业发展,实现经济社会与自然和谐发展,改变农村生产生活方式。

▶ 第三节 城郊集约型美丽乡村

一 概念

城郊集约型美丽乡村指在大中城市的郊区,尤其是具有一定土地、富余劳动力和一定种养规模基础的乡村,具有满足城市居民新鲜农产品供应为主要功能,以发展高效设施农业为重点,建设高标准、高效益的种植养殖基地,建立快捷顺畅的农产品流通渠道和网络,保障城市新鲜农产品供应的美丽乡村。城郊集约型美丽乡村模式是一种立足农业发展、着眼生态保护、利用先进生产技术发展农业的集约、绿色、高效、生态、可持续的城郊乡村发展模式。

安徽省合肥市庐阳区大杨镇岗西村,地处二级水源地保护区,产业发展限制多。近年来,该村大力发展现代农业,建设现代农业示范园,种植各种蔬菜、瓜果等,增加了村集体经济收入,也让村民就近务工增收,助力乡村振兴(图3-3)。

图3-3　城郊集约型美丽乡村——合肥市大杨镇岗西村

二　主要特点

1.区位优势明显

城乡集约型美丽乡村处于城市边缘地带,其农业生产、消费、流通、空间布局等都顺应城市需求。城市需求决定了乡村发展模式,同时城市对农业具有依赖性,两者相互促进、相互依存、相互补充。

2.集约化程度高

集约指的是农业的集中高效发展,种植业以发展设施农业为主,养殖业以规模化生产为主,有高投入、高产出、高收益的特点。集约化也包括以龙头企业或专业合作社的形式,实现生产、加工、销售的一体化经营。

3.农民生活条件好

乡村凭借区位优势,在城乡一体化建设过程中不断完善基础设施建设,农民就业途径增多,收入增加,生活条件改善。

三 建设策略

1.更新现代化农业设施

充分利用周边大中城市的优势资源,加强农业基础设施、水利设施的建设和农用机械的更新;从劳动密集型产业发展到技术密集型产业,全面提升城市郊区的农业生产水平,提高经济效益,增加农民收入。

2.提高规模化标准技术

加强标准化种植、养殖设备的建设,发展规模化产业,大力推广良种,提高农业生产效益,增加农户收益。同时,要提高秸秆、畜禽粪便等污染物再处理和利用的技术水平,指导发展生态农业的种养结合,促进废弃物的资源化利用,减少规模化养殖对环境的污染,提高农业综合效益。

3.提升农产品质量

推广先进生产技术及农作物新品种,推行农产品标准化生产;推广温室和大棚栽培,开发特色果蔬,进行反季蔬菜种植,打破传统农产品的季节性供给瓶颈,满足消费者多层次、多元化的消费需求;科学施肥,测土配方施肥,施用有机复合肥;多采用农业、生物、物理方法防治病虫害,减少农药残留;推动"三品一标"认证,确保农产品质量安全。

4.培育新型经营主体

将农业生产标准化、规模化和生态化,把农民增收、保障农产品基本供给、提高农业生产效益作为目标,大力支持有文化、有技术、有管理技能的农村青年带头人和农村实用人才从事农业、经营农业。通过政府引导和农民参与,不断完善农业经营体系,培育以家庭农场、专业种养大户、专业合作社、农业龙头企业为主体的新型农业经营队伍。

▶ 第四节 社会综治型美丽乡村

一 概念

社会综治是指在人口较多、规模较大、人口密度较大、居住较集中、经济基础较好的乡村进行人居环境改造。社会综治型美丽乡村具有良好的区位条件、较好的经济基础与带动作用,经过统筹规划,农村综合改造取得明显的成果。

　　合肥市长丰县下塘镇金店社区有6 000多人口,地理位置优越,合水路、合蚌高铁穿村而过。依托工业发展机遇,打造工业集中区路网,不断完善基础设施和公共服务设施建设,高质量推进农村人居环境整治工作,改善群众居住环境水平(图3-4)。

图3-4　社会综治型美丽乡村——合肥市长丰县下塘镇金店社区

二 主要特点

1.基础设施齐全

　　道路畅通,环境干净,供水、供电、通信、购物、计算机网络、有线电视、污水处理等基础设施齐备,保障了广大农民的生产和生活需求。村庄绿化水准较高,村民生活环境较好,建立了较为全面的综合监管机制及清洁机制。

2.公共服务完善

　　公共服务覆盖范围较广,文化、教育、计生、就业、科技、卫生、体育、社会福利、社会治安等政府各项服务全面覆盖,公共服务水平较高,公共设施较完备。

3.产业支撑有力

　　初步形成独具特色的乡村产业,不断优化产业结构,促进地区经济快速、健康发展,为农民创造良好的创业就业环境,农民收入较高。

4.社会管理水平高

加强并完善村庄管理制度,村内建立村委会、文化协会、老年协会等组织,提高乡村管理水平,完善村委会管理、村民参与的工作机制,社会氛围良好。

三 建设策略

要建设一个和谐美丽的社会综治型美丽乡村,就要立足于当地资源,充分挖掘区位优势,加强公共服务,建设健全公共基础设施,依托区位和特色产业优势,不断提升农村人居环境质量水平。

1.完善基础设施建设

建设兼具公益性与公共性的基础设施,包括信息和通信技术、交通、流通、能源供应等不同领域。确保基础设施的安全性,特别是给排水、能源供应、防灾减灾等;科学规划村庄环境,使环境干净整洁,生产区和生活区分离,人畜饮水设施完备,生活垃圾处理和污水处理设施齐备;建设饮水安全工程,推广清洁能源,改善环境,通过信息化技术发展农村农业。

2.完善公共服务体系

完善基层公共服务、互助性服务、社区志愿服务和社区服务业,推进卫生、文化体育、福利事业、维修服务、行政管理、商业网点、中小学校、行政管理等便民服务,实行社会化服务体系,强化长效管理机制。

3.培养技能型人才

社会综治型美丽乡村需要大量技能型人才,可推进乡村劳动力职业技能培训,以各种形式的培训机构为基础,培育一批具有领导和带动能力的人才;通过讲座、教学、技术示范、辅导咨询等方式,定期进行技术培训;加强学习交流,充分发挥当地劳动人才的示范和引领作用。

▶ 第五节 文化传承型美丽乡村

一 概念

文化传承型美丽乡村是指在传统聚落景观、乡村自然景观、民风民俗等人文景观丰富的区域,对乡村传统文化的保护、传承和开发利用的美丽乡村。

六家畈社区位于合肥市肥东县长临河镇,拥有丰富的自然资源和底蕴深厚的文化积淀。六家畈社区历史上人才辈出,2006年被安徽省政府、安徽省侨联评为"安徽省第一侨乡"。该社区依托侨乡文化特色,打造六家畈古民居群、淮军史迹陈列馆、文创园、博物馆等项目,形成了城乡微度假、文化创意、休闲农业三大支柱产业集群(图3-5)。

图3-5 文化传承型美丽乡村——合肥市肥东县长临河镇六家畈村

二 主要特点

1.文化资源丰富

文物古迹和建筑遗产保存较为完整,传统民俗文化资源丰富,有独具特色的地方风貌和民俗民风,具有较高的艺术、历史、文化价值。

2.重视文化保护

有较为健全的文化资源保护政策与管理机制,对保护地方民族服饰、特色民俗、传统建筑、民谣农谚、手工艺术、民间传说、文化遗产、生产生活习俗等较为重视。

3.开发利用效益明显

充分发掘乡村文化的产业价值,以保护为前提,对人文景观等旅游资源进行开发利用,发扬传统手艺,开发包括农家乐在内的乡村旅游和休闲娱乐产业,传承与发展当地特色文化,使产业与文化相互促进,协同发展。

4.群众文化活动丰富

文化传承型美丽乡村有较为丰富的公共文化活动,如各类非遗技艺展示、礼仪风俗展演、美食文化交流、历史文化讲解等,组织活动有计划、有设施、有投入,群众幸福感强,参与度高。

（三）建设策略

1.保护文化资源

在不改变乡村整体布局形态和当地风貌的基础上,以保护为前提,对物质类文化资源进行修缮和改造。文化资源数量多、价值高的村庄需划定文化重点保护区,对分散的传统文化建筑建立专门保护点,进行优先规划和保护。对亟须保护的文化遗产,建立和完善村级组织和管理制度。保护古建筑及周边环境,保持原场地风貌,将传统文化与现代特色结合,改造后的建筑应与周围环境和历史风貌相协调。除此之外,还要加强对乡村周边自然环境,包括对古树名木、水体、山体等自然文化的保护,以及对传统手工艺、传统戏曲、传统民俗等非物质文化的保护。

2.发展文化产业

挖掘乡村特色文化资源,保护和开发具有特色的文化资源,积极开展文化活动,重视开展和宣传传统节日和民俗文化活动,打造独具特色的文化休闲旅游品牌。弘扬民间传统文化,推广地域特色工艺,如泥塑、绘画、纸雕、舞龙、杂技、陶瓷、雕刻、编织等;宣传戏曲、舞狮、花灯、龙舟等民俗表演形式;开发中药、茶饮、手工艺品等特色产品。

3.完善文化设施

加大文化设施的建设,比如社区文化室、村级文化室、文化长廊、文化广场等文化宣传阵地。加强乡村人文旅游配套设施开发与建设,加快发展以重点文化景观为基础,以骨干景点和文化产品模式为辅的乡村旅游模式。在具有红色历史的革命地区和历史文化名城,发展以教育和观光为主的文化旅游;在适合发展特色农庄、田园观光、农事体验等活动的乡村,发展以传承传统农耕文化体验为主的文化旅游;在农村风土人情、民俗文化突出的乡村,发展民俗文化体验为主的文化旅游。

▶ 第六节 环境整治型美丽乡村

一 概念

　　环境整治主要指在农村脏乱差现象比较明显的地区进行环境的改造治理,这类乡村具有乡村环境基础设施建设落后和环境污染严重等特征,当地农民群众要求环境整治呼声较高,反映强烈。

　　大畈村(图3-6)地处安徽省金寨县双河镇,全村1 000多人,2017年成为金寨县首批脱贫村之一。以前的大畈村基础设施建设较为落后,现如今,大畈村户户通公路,家家通安全饮水,户户使用水冲式厕所,集中居民点分别建立了污水处理系统,住房全部通过安全鉴定。通过"科研单位+示范基地+农户"的模式,该村重点打造高山茶叶基地、高山有机香稻基地、高山黄牛养殖基地、中药材基地等,促进村民增收;通过"村支部+企业+专业运营+产品溯源"的乡村农品直播模式,该村建立了安徽省首家乡村直播基地"大畈村农品直播基地"。村里有文化乐园、图书室,每年定期组织一些文化娱乐活动。

图3-6　环境整治型美丽乡村——金寨县双河镇大畈村

二 主要特点

1.乡村人居环境提升

基于当前乡村发展中最为紧迫的和农民反映最为强烈的乡村环境问题,以乡村人居环境治理为重点,推行垃圾、污水治理和厕所改革,实现乡村垃圾、生活污水治理、厕所改革全覆盖,着力结合打造乡村自然、人文等景观,推动乡村生态文明建设,使乡村面貌发生深刻变化。

2.生态环境得到修复

良好的生态本身就包含着不可估量的经济价值,因此,可不断地创造综合效益来实现经济和社会的可持续发展。以生态修复为抓手,积极探索"无废村庄""低碳村庄"的建设,力图让乡村生态环境得以改善。

3.人民群众基础巩固

乡村实施清洁行动,美化环境,发展产业,增加收入,最终,乡风和谐、环境优美变成经济发展的动力。乡村人居环境整治不仅整出了好环境,还整出了初心、民心,村民配合程度高,维护好美丽乡村的决心高。

三 建设策略

1.协调环境可持续治理

以美丽宜居乡村为目标,完善乡村基础设施建设,近期重点协调推进农村厕所革命、生活污水治理、水环境综合整治、生活垃圾治理;远期持续开展村庄清洁行动、完善村庄基础设施、加强乡村风貌保护、促进乡村绿化美化。

2.优化乡村产业体系

环境整治的同时,需要考虑农村优势资源的发展,加强各项基础设施的融合联动,节约使用资源,提高运行效率。培育壮大现代特色产业,融合一二三产业,发展地域特色鲜明、类型丰富、协同发展的乡村产业体系,拓宽农民增收渠道。

3.发动群众共同参与

开展"门前三包"责任制,通过家庭卫生光荣榜、积分兑换、志愿服务等形式多样的活动,增强村民维护村庄环境卫生工作的主动性与参与度。结合人居环境整治提升建设,引导农民科学合理施用化肥和农药,保护乡村生态,自觉参与保护环境的各种活动,引领乡村生活和生态空间的高质量发展。

第七节　休闲旅游型美丽乡村

一　概念

　　休闲旅游型美丽乡村模式主要分布于适宜发展乡村旅游的地区,其特点是旅游资源丰富,住宿、餐饮、休闲娱乐设施完善齐备,交通便捷,适合休闲度假,发展乡村旅游产业潜力大。

　　以合肥市蜀山区小庙镇马岗村为例,辖区内有古遗址曹操河和凤凰墩。在蜀山区生态文化旅游休闲区建设背景下,依托小岭南山水人文资源,该村开发了集观光、休闲、住宿、餐饮于一体的乡村民宿等项目,吸引众多游客慕名而来,带动农民增收,推动乡村振兴(图3-7)。

图3-7　休闲旅游型美丽乡村——合肥市蜀山区小庙镇马岗村

二　主要特点

1.独特资源优势

　　乡村自然环境秀美,传统村落保护良好,乡村景观独特,乡村拥有怡人的自然风景资源。乡土风情得到了充分发展,底蕴深厚的民族文化、浓厚的民俗风情、乡村民族民俗特色都得以突显。

2. 经营业态丰富

乡村以特色民宿、乡土美食为主营项目,围绕农事体验、休闲观光发展休闲农业。乡村利用丰富的自然资源、人文资源开展亲子研学、红色旅游、民族风情体验、科普教育、拓展训练等一系列活动,打造丰富多彩的农村休闲旅游项目。

3. 配套设施完善

乡村拥有较为完善的观光、餐饮、住宿、体验、康养、休闲服务等基础配套设施,通过积极探索数字化模式,将线上、线下相结合,发展云旅游和直播带货的数字化新渠道。

4. 市场需求增加

在我国步入新时代的大背景下,社会经济得到了飞速发展,城乡居民收入水平的进一步提升带动了国内旅游行业的蓬勃发展。城市居民对于安静、质朴的乡村的向往增强,休闲旅游型美丽乡村的旅游市场潜力较大。

三 建设策略

1. 重视自然环境的保护

休闲旅游型乡村可持续发展应实行绿色健康的经济发展原则,把自然环境放在首位,尊重自然,不以短期效益为目的,不对自然环境造成严重破坏。优良的自然环境不仅是乡村发展的主要资源,也成为国内乡村旅游业持续繁荣发展的内在动力。

2. 打造具有地域特色的文化

贯彻人文优先、特色发展、品牌发展的指导原则,要求农村产业形成既具有可持续发展潜力又具有市场竞争力的文化品牌,避免千村一面,树立特色。挖掘自然资源、传统民俗文化资源,继承与发扬特色文化,使休闲旅游型乡村成为真正具有独特文化魅力的乡村,打造出乡村旅游项目知名品牌,推动休闲旅游型乡村可持续发展。

3. 优化多元产业的融合

乡村旅游的实质是一种三产融合产业,实现了农业生产、农产品加工制造、农产品市场服务业的有机整合。乡村旅游将农业与服务业相互配合,使休闲旅游观光产业健康有序地发展。旅游产业可结合其他相关产业,完善产业链,形成产业体系,有助于产业的推广和品牌的树立。旅游产业发展模式可融入传统手工艺产品、传统加工工艺等，还可以引入数字化电商新模式，丰富产业业态。

▶ 第八节　高效农业型美丽乡村

一　概念

　　高效农业型美丽乡村主要位于我国的农业主产区，以农作物生产为主，农田水利等农业基础设施相对完善，农产品商品化率和农业机械化水平高，人均耕地资源丰富，农作物秸秆产量大。高效农业极大地影响着我国农村经济的发展，有助于粮食综合生产能力的提高及土地产出率的增加。

　　庙后村（图3-8）位于合肥市长丰县杜集乡东南部，1 700多人口，耕地面积约5 000亩，主要以小麦、水稻等农作物种植为主导产业。近年通过高标准农田整改工作，该村大力开展农村土地整治，重点加快高标准农田建设，提高耕地质量，推进现代农业和新农村建设。

图3-8　高效农业型美丽乡村——合肥市长丰县杜集镇刘兴村

二　主要特点

　　高效农业是现代农业发展的先进方向，发展高效农业是转变传统农

业、实现农业现代化的必由之路。高效农业型美丽乡村应掌握好高效农业的核心,培育壮大乡村特色产业,推广应用绿色高效生产方式,提升特色农产品质量安全水平,推进资源循环利用和可持续发展,发展高效、外向、生态、品牌的现代农业。

1.农业产业优势

高效农业型美丽乡村一般有以特色农业产业为导向的产业体系,乡村经济以农业主导型为主,拥有一批农业产业化重点龙头企业及有影响力的农产品示范企业,这些企业带动农民致富,促进农村发展,推动当地美丽乡村建设与发展。

2.集约化水平高

高效农业型美丽乡村以农业产业作为支撑,实现资源优化配置,生产效率较高,实现了资源利用最大化。通过建设高效农业型美丽乡村,这类乡村的规模化、集约化、标准化、数字化水平得到提高,绿色优质农产品供给能力明显增强。

3.机械化水平高

农业生产机械化水平得到了显著提高,特别在耕种、收获等环节实现了全面机械化。同时,乡村农业生产的机械化水平还在不断提高,农机装备种类和数量不断增加,技术装备条件持续改善,为农业现代化提供了有力支撑,大大提高了农业生产效率,增加了农业生产的效益。

三 建设策略

1.突显农产品竞争优势

在充分研究当地现有自然环境与资源的基础上,利用自然条件与社会条件,对现有资源实现合理、适度使用,依据市场的具体要求,确保农业产品的种类、数量、质量达到市场指标,着力提升当地特色农业,提升农产品市场占有率,培育特色农产品。

2.加大基础设施建设

高效农业型美丽乡村要求农田水利等农业基础设施相对完善,只有这样,农产品商品化率和农业机械化水平才能提高。加大对农田水利设施建设和改造升级的力度,推进物流路网基础设施等项目建设,可以优化农村基础设施布局、结构、功能和发展模式,还可以提高资源利用率。

3.探索智慧农业发展

探索农业产业建设新路径,搭建智慧农业云平台,集互联网、移动互联网、云计算和物联网等新兴技术为一体,依托部署在包含环境温湿度、土壤水分、二氧化碳等农业生产的各种传感节点的无线通信网络,实现农业生产环境的智能感知、智能预警、智能决策、智能分析、专家在线指导,为农业生产提供智能化管理。

第四章　美丽乡村总体布局

第一节　美丽乡村布局的原则

一 以人为本，因地制宜

根据乡村的地理位置、地貌、水文和地质等条件，正确处理乡村建设规划布局集中和分散之间的关系。与此同时，还应当以社会经济等发展情况为基础，对乡村进行合理的定位，做到因地制宜，实事求是。

二 发展和谐，区域协调

对乡村地区基础设施、公用服务设施进行统筹安排、布局，做到科学合理，适当超前思考，防止重复建设。以"点"带"面"的方式，将现有村落进行整合，建设具有一定发展层次的"新型村落"或"特色村"，从而带动整个地区的发展。

三 利于生产，方便生活

在进行乡村布局规划时，应该始终遵循以人为本的原则，充分尊重和考虑农民生产和生活的便利性，划分生产区和生活区。将满足农民生产、生活和发展的需求作为规划的出发点，提升农民的归属感和幸福感。

四 生态优先，特色突出

把对自然生态环境的保护作为发展的先决条件，在适应当地经济社会发展需求的前提下，将规划布局区域内的山林、水系及耕地有机结合起来，规划布局要与当地地形地貌、河流水系相协调，对当地文化风俗进行挖掘和考量，突出地方特色和风格。

五 资源节约，环境友好

要妥善解决美丽乡村规划与土地、能源、环境之间的矛盾，要对乡村发展的潜力进行充分的发掘，对各类资源进行有效的节约和利用，形成一种集约、节约的发展模式，同时要注意对环境的保护，努力创建一个环境友好的美丽乡村。

▶ 第二节　美丽乡村规划的定位

由于乡村空间的功能具有较大复杂性，还要满足多种现实需求，因而，美丽乡村的规划定位需要综合分析乡村地区规划的内外因素及其影响机制，应该以实际现状作为出发点，遵循可持续发展的原则，以强化乡村的基础设施为主导，将环境改善作为目的，将田园生态塑造作为理念，打造一个人与自然和谐共生的美丽乡村。

一 主导产业定位与乡村规划定位结合

产业定位是进行美丽乡村规划定位的重要环节，合理的产业定位要建立在对乡村产业的市场规律和特点充分了解的前提下，对乡村的产业资源进行合理配置和布局安排。

对于具有较好特色产业基础或者产业化水平较高且具有一定规模的乡村，应对其乡村特色资源和区域产业进行充分的挖掘，通过对政策、市场、社会等多方面因素考虑选定主导产业，而后进一步科学规划，发挥主导产业的优势，带动乡村产业发展。

二 自身资源定位与乡村规划定位结合

乡村是以农业生产为主导的基层居民点，对于大部分的乡村来说，其功能较为简单，乡村定位需要突出。因此，规划时应调查村庄现状，挖掘乡村自身资源和特点，对于现状资源条件和发展条件较好的乡村，要立足其特色资源，明确发展方向，提升其核心影响力，展示优美的乡村景象和乡村风貌。

例如，针对乡村设施落后、环境污染严重的地区，通过依托现有产业，整合资源，进行开发与利用，完善产业体系，不断优化乡村环境，建立

产业突出、宜居、宜业的美丽乡村。针对文旅资源较为丰富的乡村地区，依托乡村优美的自然环境和丰富的民俗文化，对自然景观、田园景观和风土人情等乡村资源保护、传承和开发利用，完善餐饮、住宿、交通、购物和休闲娱乐等基础设施，开展文化休闲旅游活动，推动乡村文旅产业发展。

对乡村的现状资源条件要有充分的了解和掌握，积极激活乡村独具特色的潜在资源，这对于乡村规划的整体定位有指导性作用，有助于明确乡村的发展方向。对于各类资源的调查尽可能做到详尽，如乡村的自然资源、人文历史资源、产业水平、区域配套设施和社会保障机制等，每一项乡村资源的潜力都会对乡村规划发展起到重要作用。对乡村资源的合理利用和定位能够给乡村经济带来活力，挖掘出更多地域性的元素，有利于乡村核心吸引力的形成，使得乡土文化不断得到更好的传承和发展。

▶ 第三节　美丽乡村规划的布局

一 聚集提升类乡村布局要点

聚集提升类乡村包括现有规模较大的中心村和其他仍将存续的一般村庄，是美丽乡村建设和乡村振兴的重点，这类村庄的建设应遵循村庄发展客观规律，适度集聚。如图4-1所示，安徽省合肥市庐江县万山镇长冲村就是一个典型。

1.土地利用

对于村庄规模小、分散、小村庄数量较多的乡村，应在条件较好的地区规划新建新型农村社区，适度集聚；村庄规模较大的，应尊重原有村庄机理，本着保留大村、撤并小村、填平补齐的原则，保护村庄原有风貌，连片发展，并注重土地集中利用；对于零散闲置土地，以项目为载体，盘活闲置和低效用地。

2.建筑风貌

建筑风貌宜采纳地域风格，如皖南地区民居具有黛瓦、粉壁、马头墙的徽派建筑特征，而皖北地区注重保护传统院落、民居等北方传统建筑风格。皖北建筑形式敦实、厚重、质朴、方整、规则，庭院围合感强，墙体色彩深厚；屋顶坡度平缓，以深灰色砖瓦为主，沉稳大方。提炼乡村原有符号语言，并将其有韵律、有节奏地运用到建筑中，增强居民对本地建筑的认同感与归属感,在创新中传承文脉。

3.绿地布置

选取规划区域内现有面积较大、质量较高的林地、苗圃用地作为绿地板块,与现有乡村绿地廊道(道路、水系)、绿地节点(农田防护林、村内小绿地)进行有机结合,构建起具有连续性和完整性且层级分明的绿地网络。其中,绿地板块在给当地的居民提供广阔绿色空间的同时,也让野生动植物栖息地的增加具有更大的潜力,有利于保护生物物种多样性。绿地连接廊道可串联起不同类型的绿地,保证绿地的连通性,促进生物的迁徙与交流。

4.水系布局

考虑水系特有的地理位置,从乡村平面布局、水系与居民聚集区关联程度上分析,在适宜地点营造具有水系特色的滨水空间,修建亲水平台或廊道,提升河道景观利用率,结合当地村民需求,营造具有本村特色的生活性景观。同时,注重水系的保护,注意沿岸人为设施、企业排放问题,水系沿线尽量保持原生态乡村特色,维护水系健康。

图4-1 聚集提升类美丽乡村——安徽省合肥市庐江县万山镇长冲村

二 特色保护类乡村布局要点

特色保护类乡村是历史文化名村、传统村落、民族村寨等自然历史特色资源丰富的乡村,是彰显和传承中华优秀传统文化的重要载体。建设特色保护类乡村的核心任务是保持乡村特色的完整性、真实性和延续

性,且注重特色空间的品质建设,如图4-2所示。

1. 土地利用

充分统筹保护与发展的关系,划定重点控制保护区,同时在空间上预留足够的发展备用地。在落实县、乡镇级国土空间总体规划确定的生态保护红线、永久基本农田的基础上,因地制宜划定历史文化保护线、地质灾害和洪涝灾害风险控制线等管控边界。以"三调"为基础画好村庄建设边界,明确建筑高度等空间形态管控要求,保护历史文化和乡村风貌。

2. 建筑风貌

原则上保持原建筑风貌,对于需重点保护的建筑秉承"修旧如旧"原则。在尊重原住民生产、生活、习俗的基础上,允许局部改善提升,并重点完善乡村综合配套服务设施,协调乡村和自然山水融合关系,塑造建筑和空间形态特色。新建建筑所用建筑材料应就地取材,老料新作,建筑风格应以当地建筑为参考,同时考虑与周边环境协调统一,彰显乡村建筑特色。

3. 空间布局

特色保护类乡村注重传统村落和乡村特色风貌保护,还需要统筹空间的保护、利用与发展的关系。在保证乡村完整性、真实性和延续性的前提下,注重文化挖掘和传承,合理安排古村落文化展示、科普、宣教等公共服务设施的布局。同时,将文化与产业结合,挖掘村庄文化资源,打造特色文旅产业。

图4-2 特色保护类美丽乡村——安徽省合肥市巢湖市柘皋镇汪桥村

三 城郊融合类乡村布局要点

如图4-3,城郊融合类乡村处于城市近郊区,具备成为城市后花园的优势,也具有向城市转型的条件。该类乡村未来依托区位、产业等资源优势,承接城市外溢功能,促进城乡产业融合发展、基础设施互联互通、公共服务共建共享。

1.农业提质

严格按照划定的永久基本农田保护红线,在红线范围内发展现代化农业,完善产业链,可规划现代高效农业标准化种植基地,以示范、推广为主要功能,推动乡村农产品的标准化和规模化生产。

2.产业布局

在城郊融合类乡村可大力发展都市休闲农业,培育休闲农业、乡村旅游、生态康养等项目,通过产业拓展,以“农业+”为抓手,促进农业与旅游、农业与文体融合发展,优化产业结构,实现产业兴旺的发展目标。

3.居住布局

引导村民适度聚居,进一步提高土地和基础设施的集约利用程度。优化调整乡村居住用地布局需要结合村民生产、生活习惯,因地制宜,采取“小规模、组团式、微田园、生态化”理念进行布局,在此基础上加大人居环境优化力度,打造宜居宜业美丽乡村。

图4-3　城郊融合类美丽乡村——安徽省巢湖市黄麓镇建中村

4.建设空间

依据国土空间总体规划确定的城镇开发边界,基于乡村现状建设用地分析、乡村发展研判和规模预测,转变无序扩张的传统思路,以存量提质为主导,加强低效用地再利用,合理妥善安排乡村振兴发展用地。

(四) 搬迁撤并类乡村布局要点

搬迁撤并类乡村是指生存条件恶劣、生态环境脆弱、自然灾害频发的地区,因重大项目建设需要搬迁或人口流失特别严重的乡村。通过乡村撤并等方式,统筹解决村民生计、生态保护等问题。农村居民点拆建和乡村撤并,必须尊重农民意愿并经村民会议同意,严格执行相关审批程序,不得强制农民搬迁和集中上楼。应根据搬迁意愿,引导村民进城入镇。

搬迁撤并类乡村要严格控制房屋改扩建和新建,逐步开展搬迁撤并工作。搬迁撤并之前,保障基础设施的运行,鼓励适当的土地流转,实现规模化经营,把土地承包给专业农户。或适当调整区域土地种植结构,鼓励农民秉持因地制宜的原则,将现有作物更换为附加产值更高的经济作物,这不仅契合城市居民倡导绿色、无公害食品的消费观念,还可帮助农民增加收入,解决农业用地管理难题。如图4-4所示,巢湖市黄麓镇建麓村就是搬迁撤并类乡村。

图4-4 搬迁撤并类美丽乡村——巢湖市黄麓镇建麓村

五　其他类乡村

　　除聚集提升类、特色保护类、城郊融合类、搬迁撤并类四种类型外，暂时无法归并其中的，可暂不做分类，列为其他类乡村。这类乡村要留出足够的观察和论证时间，明确用途管制规则和建设管控要求，推进人居环境整治。其他类乡村要以完善基本生活保障为主，在空间布局上基本保持原样，原则上不宜新增宅基地，且应有序引导村民生产生活空间的提升。

第五章　美丽乡村特色产业发展

▶ 第一节　产业发展原则

一　产业融合，多元发展

以农业为基本载体，积极推动一、二、三产业融合发展，促进产业间渗透与交叉重组，推动产业要素集聚发展，对既有产业进行网络链接和新业态的延伸。

二　提质增效，生态发展

以高质量发展为基本要求，推动乡村产业发展由量到质的转变，严格把控农产品品质，加强对农产品质量的监控，发展生态农业、有机农业。积极加强农业技术创新、技术推广应用，促进农业高产高效绿色发展。

三　优化体系，活力发展

优化乡村产业体系布局，强化第一产业，优化第二产业，盘活第三产业。调整农业结构，有效整合信息，避免资源浪费、产业同质化等问题，激活乡村产业体系。

四　因地制宜，特色发展

立足当地产业基底、民俗文化、人文风情，因地制宜地制定发展战略，整合本地产业优势，打造具有当地特色的产业发展模式及品牌。

▶ 第二节　产业发展主要模式

一　特色农产品导向

　　优化传统种养结构,突出绿色农业的优先发展地位,以特色农业带动乡村经济与建设的全面振兴。重视传统种植业发展,培育优势农产品,发展规模化、标准化、机械化生产基地;依托大棚、采摘园等果蔬种植模式,吸引城市居民进行农事体验活动。充分发挥本地生态资源优势,着力培养乡村特色,实现"一村一品",以满足高质量、高品质农产品的市场需求。图5-1为特色农产品产业模式图。

图5-1　特色农产品产业模式

二　农业加工业导向

　　农产品加工业是以农产品为原料的直接加工和再加工的产业,是农业生产与市场链接的纽带,具有产业关联度高、行业覆盖面广等特点。对农业农村现代化、农民增收作用明显。以农产品加工业为主导的产业发展模式侧重于农业与农产品加工业的发展,充分利用当地丰富的农产品原材料,通过加工业延长农产品产业链,增加农产品附加值,创建农产品品牌,形成"市场牵龙头、龙头带基地、基地联农户"的贸工农一体化经营方式。图5-2为农业加工业模式图。

图5-2　农业加工业模式

三　休闲旅游导向

依托乡村自然资源、历史和民俗文化,积极发展生态旅游和休闲文化产业。挖掘山水资源、森林景观、田园风光和乡村文化景观,发展各具特色的乡村休闲旅游,努力建成独具一格的美丽乡村。

发展农田景观、特色蔬菜、花卉苗木、乡村民宿、溪流河岸等自然、人文景观,吸引游客旅游观光。发扬乡村生产、生活场景、饮食文化、节庆活动、民俗文化等方面的传统,打造乡村文化休闲特色品牌。传承民俗、挖地种菜、果蔬采摘、手工艺、农具制作等活动,向广大市民或游客宣传乡村生活体验。图5-3为休闲旅游服务业模式图。

图5-3　休闲旅游服务业模式

四 混合模式

混合模式是集生产、生活和生态于一体,并将农业、农产品加工和服务业紧密联系在一起的新型农业消费产业形式。通过充分挖掘农业的多种功能,打破各个产业之间的界限,形成产业链完整、功能多样、业态丰富、利益连接紧密的农业新格局。通过改变单一产业布局现状,充分发挥产业优势,助力农民就业创业多元化发展。

▶ 第三节　产业发展规划建设要点

一 特色农产品导向

1.特色农产品选择

以原生态农业产品基地建设为载体,通过整理特色农业发展数据、相关资料,分析特色产业现状、优势与制约因素。以市场需求为导向,明确产业定位,结合当地条件制定产业发展目标。如建立"林—羊—牛、果—鸡—鸭、稻—鱼"等新型生态农牧业发展模式等。

2.产业发展建设

(1)规模经营

通过承包、租赁、转让等土地流转形式推进特色农业产业规模化发展,整合资金投入,积极争取资金支持,集中力量支持特色产业发展。

(2)技术创新

加强与高校、科研机构等的科技协作,推行良种良法,提升特色农产品品质,增加其产量。更新农业生产方式,推进农业现代化基础设施建设和土地宜机化整治,提高农业机械化应用能力。构建"品种选育 + 数字赋能 + 智能装备"有机融合的智慧农业产业技术体系,推动农业产业向数字化、网络化、智能化方向发展。

(3)品牌建设

深入挖掘产品文化内涵,打造品牌文化。营造良好品牌形象,努力提升品牌竞争优势,避免与其他同类产品同质化发展。建立并完善质量标准体系,加强产品品质监管,实现产品的规范有序发展。

二 农业加工业导向

1. 保障农产品有效供给

积极进行土地集体承包制度改革,提高土地资源利用效率。推动小农户和现代农业对接,建设集约型标准化农产品原料基地,严格把控农产品质量,扩大原料基地规模,提高产量,适应农产品加工业规模化生产的原料需求,支持龙头企业建立专属原料基地。注重生态环境整治与保护,积极推广利用有机肥,减少农药、化肥使用,发展绿色农业,生产高质量绿色有机农产品。

2. 延伸农产品加工产业链

引导农产品加工产业园建设,加大基础设施和公共服务平台建设,吸引龙头企业集聚,建设农产品精深加工示范基地。构建循环产业链,延伸产业链,发展精深加工产业,明确产业链上、下关系,并对共享资源进行合并交叉,制定集群内质量标准、技术标准,提高整体效率。利用"数字+"农业创新模式,通过互联网、直播带货、订单销售、产销一体化垂直经营等形式,拓宽农产品销售渠道。

3. 优化农产品加工机械化

提高农产品加工的机械化水平,可增加农业生产经营效益、减少乡村劳动力需求、降低农产品损失等,有利于发展乡村产业、拓宽农民增收致富渠道。依据地区优势产业和环节,引进相关设施设备,提高技术水平,扶持壮大加工机械化服务主体,支撑产业稳定发展,拓展产业增值增效空间。发展自动化、智能化成套加工技术装备,提升农产品加工品质和效率。

三 休闲旅游导向

1. 治理人居环境

推进污水处理基础设施建设,高效解决生产生活污水排放问题,及时处理牲畜、家禽粪便以及生活垃圾,改善村庄环境卫生条件和基础设施,完善配套基础设施体系。对已经污染的环境进行监测与无害化处理,采用生态修复技术改善村庄水质、土壤等环境要素,修复被污染环境,恢复生态健康。提取乡土景观要素,整治乡村公共环境,鼓励村民美化庭院。

2.保护生态资源

农村是自然资源的富集地,因此,农村的自然生态资源更需要保护。立足于乡村发展现状及当地自然环境,坚持最小化干预原则,保护乡村自然肌理与原始风貌,优化自然植物群落,还原乡村自然野趣。健全生态环境奖惩机制,发动群众保护自然环境,让老百姓能看得见山,望得见水,记得住乡愁。

3.优化村容村貌

对于已建建筑,重点在于优化村庄整体风貌,如加大公共环境空间的建设,加大对私搭乱建建筑的治理,加大对农家庭院的修整及公共基础设施的规整等,构建干净、整洁、有序的乡村空间。对于新建、改建建筑,要尊重乡村自然肌理、传承乡土文化,将挖掘原生态村居风貌和引入现代元素结合起来,建设能融入地域特点的建筑。同时,发动群众共同维护公共环境卫生,通过规范农民集体行为、完善村规民约等方式,引导村民自觉维护庭院内外卫生条件,鼓励村民对庭院进行绿化美化。

4.文化旅游宣传

突破传统文化旅游宣传模式,通过延伸产品内涵的方式进行媒介创新。全面分析乡村自身旅游产品特点,找准自身品牌定位,针对不同受众,精准制定宣传方案。通过各个互联网平台、社交新媒体等宣传推广旅游产品,此外,充分利用政府助农政策、公益团体的助农活动,推介乡村旅游项目及衍生产品,提高乡村旅游知名度,扩大乡村旅游影响力。

（四）混合模式导向

1.农业生产模式优化

优化调整农业种植养殖结构,加快发展循环农业、生态农业、有机农业。如采用"水稻+"种植模式,将虾、鱼等与水稻混合种养。通过建设特色农业产业基地,引入休闲观光、科普等元素,促使农业生产提质增效。

2.全产业链发展

明确主导产业发展目标,统筹主导产业及上、下游产业发展,挖掘优势与特色,实现差异化发展。以农业产业为重点,拓展特色农产品加工业,不断延伸产业链。促进农业种养、加工示范、生态建设、旅游产业融合发展,创建农业文化旅游品牌。

3.农业功能拓展

在传统农业基础上,将农业与乡村旅游、研学教育、文化、康养等产业深度融合。积极拓展农业发展的维度,以科技兴农、品牌强农为抓手,促进农业转型升级。延长产业链、拓展功能链、提升价值链。

4.产业集聚发展

引进互联网及物联网技术,引进先进生产栽培方式,推动现代科技与农业产业融合发展,随着农业产业化发展的推进,产业集聚程度越来越高,产业价值、品牌价值逐渐增大,实现产业与经济发展相协调。

第六章 美丽乡村人居建筑

第一节 人居建筑建设原则

乡村人居建筑作为村民生活的场所,在保障乡村居民的生活质量方面起着重要作用。乡村地区人居建筑的规划建设原则有以下要求:

一 安全美观,经济适用

乡村人居建筑要遵循"适用、安全、经济、美观"的建筑方针。"适用"是指适合当地经济水平和居住习惯;"安全"是指房屋建设要科学,建设区域选择要合理,其结构要具备较好抵御自然灾难的能力;"经济"是指在满足功能使用需要、确保质量的前提下,尽可能降低造价;"美观"体现出协调建筑和自然环境、建筑和社会的关系,是指建筑满足公众的审美要求。

二 尊重自然,绿色节能

依据《绿色建筑评价标准》(GB 50378–2019)相关要求,因地制宜,坚持节地、节能、节水、节材等节约资源的准则,保护环境和减少污染,充分考虑建设场地的自然环境条件。坚持可持续发展理念,正确处理好自然与建筑间的关系,节约能源及资源。

三 具地方特色,与环境协调

美丽乡村人居建筑建设要尊重地域特色,挖掘和传承村庄物质和非物质文化遗产,保护并改善村落的历史环境和生态环境。精心打造建筑的形体、色彩、墙体、屋顶、门窗和装饰等关键要素,特别是传统村落中新建建筑要与传统建筑及周边环境相协调。

▶ 第二节 人居建筑建设内容

人居建筑是乡村人居环境的重要组成部分,是村民生产、生活的基本聚集地。乡村建筑水平的提升可以改善乡村居民的生活条件,改善乡村居民的居住环境,提高村民生活的舒适性、便利性和安全性,从而提升其居住品质和幸福感。乡村的自然与质朴正是其独特的魅力所在,美丽乡村建设不能让乡村丢失其原本的特质,要注重新旧风貌的平衡。因此,乡村人居建筑水平的提升要以对原有建筑保留改造为主,新增建筑作为补充来开展。本章对乡村人居建筑的介绍不包括文物保护单位及保护类民居。

一 传统民居修缮

乡村地区传统民居建筑多,是乡村居民生产、生活的重要载体。伴随着乡村生活质量的提高和村民需求的增加,传统民居已无法满足村民对居住环境的功能性需求,传统民居要进行一定的保护修缮和改造。一般来说,传统民居的修缮改造需要在对民居建筑的安全性评估基础上开展。传统民居修缮改造的具体流程包括:

1.基本情况调查

调查民居建筑的基本情况,包括对建筑的安全、风貌和防灾情况等方面的调查,一般邀请有经验的专业人士来完成。

2.建筑风貌改造

建筑风貌的改造指结合乡村的发展定位、居民的生产生活需求及民居的实际特色,对民居建筑的外立面进行修缮改造。

3.建筑组成改造

建筑组成改造主要包括两种改造策略:其一是对原有体系结构加固,替换原有结构中的破损构件,这个对施工技术要求较高;其二是在原有结构基础上补充新的结构,如钢结构、混凝土结构等。传统民居修缮改造以原结构加固为主。

二 现代农房建设

由于乡村居民生活水平提升,乡村出现了大量的自建房。但基于大部分现代农房普遍存在缺乏特色、与原有建筑风格不统一等问题,这类民居需要进行针对性的改造。因此,部分乡村新建建筑的建设要点主要包括选址和布局、建筑类型选择、建筑空间组合和建筑结构选择等。

1.选址和布局

符合乡村整体规划和风貌现状的要求,在现有基础上进行改造升级。现代农房建设基本采用原址,如果存在其他情况,其用地的选址要符合土地利用规划要求。在布局方面,应当根据周边环境的实际情况,采用相应的布局方案。

2.建筑类型选择

根据地区的地理分布情况来选择建筑类型,如安徽省,皖北、皖南和皖中的建筑类型均有所不同。

3.建筑空间组合

建筑空间组合方式主要包括独栋住宅、庭院式住宅、农家乐/农业观光旅游建筑、民宿及合作社建筑等。

4.建筑结构选择

建筑结构主要包括木构、砖木结合、石木结合及混凝土结构等。

第三节 人居建筑建设要点

一 原有建筑改造要点

1.建筑安全评估与改造

大部分乡村人居建筑建设年代较久,房屋可能存在老化和年久失修等情况,存在潜在安全隐患。因此,对于乡村人居建筑改造而言,建筑的安全评估是第一步。根据《农村住房安全性鉴定技术导则》,危房是指承重构件中的一部分被鉴定为危险构件,或者房屋结构已经严重损坏、处于危险状态,无法满足安全使用要求的房屋。一般而言,危险房屋以单幢为鉴定单位,通常是主要的居住房屋。

(1)危房评估要点

在开展危房鉴定评估过程中,为保证鉴定结果的准确性,主要从现象(漏水、裂缝等)和技术(结构的稳定性、承载力等)两方面进行评估。一般来说,危房评估主要包括以下内容:

地基评估:检查地基的稳定性和承载力;检查地基是否存在沉降、龟裂的迹象。

砌体墙评估:检查砌体墙的结构是否完好,是否存在开裂、倾斜或脱落的问题;检查砌体墙是否存在潮湿、腐朽等问题。

石砌墙体评估:检查石砌墙体的结构是否完整,是否存在松动、倾斜或脱落的问题。

生土墙体评估:检查生土墙体的稳定性和耐久性;检查墙体是否存在滑坡、塌方或下沉的风险。

承重木构架评估:检查木构架的强度和稳定性;检查木构架是否存在腐朽、虫蛀或破损的问题。

混凝土构件评估:检查混凝土构件的质量和强度;检查混凝土构件是否存在裂缝、腐蚀或破损的问题。

围护墙体评估:检查围护墙体的结构是否完好;检查围护墙体是否存在裂缝、倾斜或脱落的问题。

木屋架鉴定评估:检查木屋架的结构和连接方式;检查木屋架是否稳固,是否存在腐朽、虫蛀或松散的问题。

楼(屋)盖的结构评估:检查楼(屋)盖的结构是否稳定,是否有漏水或损坏的迹象;检查楼(屋)盖的材料是否具备耐久性,是否需要修复或更换。

基于以上评估要点,对房屋组成部分进行危险程度鉴定,将人居建筑划分为A—D等级,房屋组成部分的危险等级如表6-1所示。

表6-1 房屋组成部分危险等级划分

等级	危险状况
A级	无危险点
B级	有危险点
C级	局部危险
D级	整体危险

相关技术人员基于对房屋组成部分危险程度的评估,进而可对房屋整体危险程度进行评定,房屋整体危险程度划分为A—D等级,详见表6-2。

表6-2 房屋整体危险程度等级划分

等级	危险状况
A级	结构能满足安全使用要求,承重构件未发现危险点,房屋结构安全
B级	结构基本满足安全使用要求,个别承重构件处于危险状态,但不影响主体结构安全

等级	危险状况
C级	部分承重结构不能满足安全使用要求,局部出现险情,构成局部危房
D级	承重结构已不能满足安全使用要求,房屋整体出现险情,构成整幢危房。检查房屋是否采取防灾措施,并对防灾措施完备情况进行调查,鉴定结果分为具备防灾措施、部分具备防灾措施和完全不具备防灾措施3个等级

（2）危房重建、改造要点

根据房屋的综合危险评定结果,考虑到安全性的提升和加固改造措施,提出原则性的处理建议。在判断房屋为局部危房或整幢危房后,按照以下方式进行处理:

根据结构评估结果,被鉴定为C级危房的住房,需结合地基、墙体、梁柱等结构元素情况,制定详细的改造方案,方案应该包括改造的具体内容、改造的步骤、所需材料和工艺要求等;按照改造方案,采取逐步拆除和修复的方式进行改造工作。改造工作可能包括对局部墙体进行强化加固、梁柱增加加固材料或更换等;如果地基存在问题,需要进行相应的地基加固措施,例如重新浇筑地基、加设钢筋等。

经鉴定为D级危房的农村住房确定已无修缮价值,应予拆除、置换或重建。如果在短期内拆除不方便且不会对相邻建筑和他人安全造成威胁,应暂时停止使用,或者在采取相应的临时安全措施后,改变用途以避免居住,并进行观察。对于具有保护价值的D级传统民居和有历史文化价值的建筑,应在专门研究后确定处理方案。

在确定加固维修方案时,应综合考虑消除房屋局部危险和加固抗震构造。如果条件允许,可以同时进行加固维修、提升房屋的宜居性和实施节能改造。

2.建筑风貌改造

传统民居建筑保留了乡村记忆与文化特色,因此,在对传统民居建筑进行改造提升的过程中,不能一味求"新"。特别是在进行建筑风貌的改造提升时,应保留立面肌理感,进行元素提取并适当恢复。同时也可以适当加入较为现代的材质表达,与原有粗糙、质朴的材质形成质感对比,使得人居建筑修新如旧。

建筑的外墙立面和屋顶是建筑的围护结构,是建筑风貌最直观的感受部分。

(1)外墙立面改造要点

在乡村风格的外墙设计方面,应选择适合的材料,如传统石材、砖材、木材等,尽量减少使用现代建筑常见的玻璃幕墙;在外墙造型设计方面,可考虑村庄的历史文化特色,采用传统的斗拱、水磨石饰面、木结构等元素;在色彩搭配方面,应选取自然色彩或传统的大地色彩,并与周边环境协调,保持整体的融合性;与此同时,为满足新的使用需求,可以进行外墙的功能性改造,如增加门窗、阳台、挑檐、雨水收集系统等,同时保留原有的民居特色,提高居住舒适度。考虑到环保节能的要求,应采用环保材料并进行节能设计,如选用节能保温材料、安装外墙保温层、改善采光通风条件等。此外,还应加强外墙的防水、防潮功能,采用防水涂料、防水层、排水系统等,以保证建筑的使用寿命和稳定性。在设计中须考虑外墙的维护保养便利性,选择易于清洁和维修的材料和构造。

(2)屋顶改造要点

整治建筑屋顶,主要采用修缮和整治措施。对于无法修整的建筑屋顶及需要更新和新建的部分建筑,在修缮整治时统一使用灰色系。同时,鼓励增加保温隔热层,并且推荐使用彩钢瓦、树脂瓦等新材料瓦面或金属屋面,以增加建筑室内保温、隔热效果。此外,可以考虑将屋面与太阳能光伏发电设施等综合配置进行合并。乡村常用屋顶形式主要包括平屋顶、坡屋顶及双层屋顶,针对不同类型屋顶的改造修缮技术要点如下:

平屋顶改造:在对平屋顶进行改造时,需要进行结构强化,以增加其承受风雨和自然灾害的能力。此外,还需要进行有效的防水处理,可以采用防水卷材、涂料或其他防水材料来解决防水、漏水问题。另外,可以在平屋顶上进行绿化装饰,种植适合屋顶环境的植物,以增加绿化效果,提高美观度。在改造过程中还需要考虑增加安全设施,如增加防护栏杆、进行防滑处理等,以确保居住者能够安全地使用平屋顶空间。

坡屋顶改造:为了确保坡屋顶的完好性,需要进行一系列维护和保养措施。首先,对于破损的瓦片,需要进行修补或更换,以保证坡屋顶的防水性能。其次,定期检查和维护坡屋顶的防水层,确保没有渗漏问题,如有,要及时进行修复。同时,要确保坡屋顶的檐口和排水系统是畅通无阻的,以防止雨水积聚和排水不畅的发生。此外,在坡屋顶内部进行保温和隔热处理,可以提高房屋的能效和舒适度。这些维护和处理措施可以保证坡屋顶性能的长期稳定性。

　　双层屋顶:近几年,新建建筑的平屋顶多为现浇而成,考虑到平屋顶热工性能较差,因而平屋顶上多加建坡屋顶,形成双层屋顶的形式。在对双层屋顶进行改造时,需要考虑以下几点:首先,需要加固结构以支撑上下两层屋顶的重量,确保整个结构的稳固性。其次,必须对上下两层屋顶进行有效的防水处理,以防止雨水渗漏的发生。再次,通风和排湿问题也应该考虑进来,以避免室内潮湿和霉菌的出现。最后,在双层屋顶的内外层之间要进行保温和隔热处理,这样做能有效提高房屋的能效和舒适度。

　　3.其他建筑组成改造

　　除了建筑的外墙立面和屋顶,其他建筑组成及附属设施部分的改造也影响建筑的风貌和居住的适宜性。

　　(1)门窗改造要点

　　以简单实用为原则,尽可能让门窗与整体建筑风格相协调;对于残旧的、可能影响安全的门窗进行修补、翻新和加固;尽可能让乡村建筑的门窗材料保持一致,并且要求其整洁、有序;建筑外立面的门(包括阳台门和楼梯大门等)和窗户应当统一颜色;适当增加窗套、门套等装饰元素。

　　(2)阳台改造要点

　　阳台整治以还原其设计原貌为主,所有违章搭建都应当被拆除;堆放的杂物要彻底清理;阳台上摆放盆花、盆景等物品的,必须设置围栏、挡板,避免伤及行人。

　　外墙给排水管统一使用白色PVC管;年久失修、老化破旧的管材、配件应更新,影响建筑立面效果的,应视实际需要进行迁移、包裹或涂色;排水管出墙位有渗漏的,应做好防水处理。

　　(3)防盗网改造要点

　　防盗网的设置须符合消防、村容景观规划等的要求;防盗网结构要安全,外形要美观;同一栋楼的防盗网应采用相同的材料、颜色、样式;阳台和外走廊不宜设置防盗网,阳台和外走廊确需要安全防护的,应在其进出的门框处设置防盗门或栏栅;防盗网整治后应拔钉、除锈,修补防盗网建议使用不锈钢材料,允许采用方钢圆钉、扁钢、木材等材料,建议使用咖啡色、原木色、白色或银色。

　　(4)空调遮蔽改造要点

　　随着生活水平的提高,空调成了大部分家庭的必需品。空调外挂机

也成为建筑立面的一个重要元素,放置不当会严重影响建筑风貌。因此,建筑风貌提升的同时,也应对建筑立面的空调外机和连接管进行美化。美化的方法有以下几点:①格栅遮挡。利用与建筑墙体同样颜色的装饰格栅把空调外机和连接管隐藏起来进行装饰;②比较难弯曲的空调管子用扣板遮盖后,涂成与外墙一致的颜色,让它隐色在外墙中;③在绿化装饰方面,可以在不改变空调外机现有位置的前提下,利用仿生绿化缠绕,对管道进行美化。

(5)热水器改造要点

乡村民居新改建时,热水器改造的关键在于根据居民需求和当地条件选型并安装,确保安全、高效、环保供水。根据用水、供暖和燃料情况选择合适的热水器类型,如电热水器、燃气热水器、太阳能热水器等。合理规划安放位置,避免安全隐患。根据人数和用水需求规划热水器容量,确保良好使用体验。优选节能环保型热水器,如高效节能型产品,增加保温层,优化供暖系统。维护保养方面,设计要考虑到方便清洗和维修。与其他设备配合使用时要进行合理设计,确保整个供水和供暖系统协调运行。根据水质情况选择合适的水质处理设备,延长热水器寿命,提高其使用效率。热水器可连接智能系统实现远程监控、节能管理等功能,提升其使用便利性和舒适度。

二 新改建建筑建设要点

1.选址与布局

(1)选址要点

如果在原址基础上进行改建,需要对原有建筑进行评估,确定其具备改建的条件,如结构稳固、能满足新建筑的建设要求等。非原址新建建筑,应选择在地势较高、排水通畅、日照充足、通风良好、较为聚集、方便生产活动的地带施工。改建和新建都要经过审批流程。

(2)布局要点

乡村人居建筑以保留和改造原有建筑为主,新修建筑为辅。新建农村住宅时,不能占用农田等保护类用地。结合不同村庄的地形特点,灵活布局,不同地形采用不同的功能布局方案。

山地丘陵地形:为了选择合适的居住用地,应优先考虑向阳的南、东南、西南等方位及透气性较好的坡面,避免选择塌方、冲沟等地段。在进行住宅群体布局时,应顺应地势的变动,灵活安排空间,形成随山势起伏、高低交错、曲折连通的自由式或毗连式格局。而房屋建设则可根据地势进行形式多样的设计,例如采取筑台、错层、叠落、分层入口等不同的设计方式。

滨水地带:应解决好河岸和乡村道路的关系,道路应平行或垂直于河道方向,民居建筑应相对整齐;住宅建设群体的组合方式及自然环境布局都应根据土壤和水体的自然环境特征加以整体规划建设,比如,既要充分考虑住区的防汛安全性,又要发挥河滨条件和自然景观的优势。

平坦地形:由于平坦地形受自然条件的限制和干扰相对较少,对民居建筑进行空间布局时,应根据各地的实际情况,选择多种不同的建设方法。

考虑到居住需求的多样性和变化性,布局应具备灵活性,可以根据实际情况进行调整和改变。同时,布局设计时应考虑乡村的自然环境、地域风貌和传统文化,尽量保留传统建筑风格和特色。总的来说,乡村民居新改建的建筑布局要兼顾传统与现代,注重保护生态环境,同时照顾到人居舒适性,可提供便利设施和服务,还要考虑安全和隐私的保护。

2.建筑类型选择

(1)皖北地区

建筑风貌宜采用中原地区风格。注重传承亳州院落、淮北民居等皖北传统建筑特色;建筑外形坚实、厚重、朴素、整齐、有规律,庭院的围合感很强,墙体色彩深沉;屋顶的坡度适中,以深灰色砖瓦为主,沉稳大方。

(2)皖中地区

建筑风貌宜采用江淮地区风格,兼容并蓄,融皖南民居和皖北民居的特点于一体。农房建筑风貌注重传承江淮院落式、天井式等传统建筑类型;建筑形式多样,组合自由,简朴且不奢华。墙体色彩以白色为主;屋顶采用坡屋顶,以青冷色调为主。

(3)皖南地区

建筑风貌为典型的徽派建筑风格,注重传承徽州民居、土墙屋等传统建筑类型。建筑形式以青瓦出檐长、白粉马头墙为主;特色保护型村庄应注重保护传统村落格局和建筑,做到修旧如旧,延续传统建筑技艺。新建村庄应在保护村落整体风貌协调的基础上,尽量采用传统徽派建筑元素,注重与整体地理人文环境相融合。

3.建筑空间组合

由于农村地区人们的生活和农业生产紧密结合在一起,因而一般农户都有院落。根据院落的分布特点,可将其划分为前院模式、前后院模式、后院模式等。院落的大小约占宅基地的1/2或1/3较为宜。室内客房按用途划分,一般包括卧室、客厅、厨房、厕所、贮藏室等,每个客房都以起居简单、活动便利、兼顾节约为设计原则,而其中的客厅、客房及客流路线等则尽可能远离家庭内部的日常生活领域。饭菜烹饪、燃料、农业用具、清洗便溺、杂物贮存、禽舍畜圈等都应当远离清洁区域。房屋的平面布置应具备多样性,以满足不同家庭层次对房屋的需求。根据农民的生活习惯,科学合理地规划起居、休息、学习、会客、饮食和用具存放等生活功能空间,基本实现寝居、食寝和净污分离的空间布局。

为了满足农民的不同需求,可以采用垂直和水平分户两种布局方法:垂直分户适合经营农业和进一步发展庭院经济的农民,通常为2—3层;水平分户则适合已不从事生产的农民,通常为4—5层。室内空间结构应具备一定的弹性,可以根据不同阶段的功能变化进行分合,以避免频繁拆改。住宅的层高通常应在2.6—3.0米,基础层的层高可适当增加,但通常不应超过3.3米。

住宅建筑设计应当按照乡村的自然要求、农户的工作方式和习惯来合理布局院落及辅助用房,以创造适宜的室内外院落空间。庭院设计应根据农户的生产习惯和对经济建设的需求来科学合理地设置凉台、棚架、粮食储藏、蔬果木栽培和家畜饲养等功能区域。各功能区域的布置应满足环境清洁和使用方便的特点,原则上人畜要分开,家畜栅圈不应位于生活区的上风部位和院落出入口部位。此外,根据农业生产的需要,应合理设置辅助用房,例如农业机械室和农产品加工储存车间等。这些辅助用房应与主用房适当分开,并根据庭院大小灵活布设,以在满足卫生和安全要求的前提下,有利于农业生产。

合理使用室内空间是指在气候环境允许的情况下,充分利用露天、半室外楼梯和庭院空间来改善居室的通道联系。合理使用院落、平台、天井、平屋顶、坡屋顶空间和地下室、半地下空间,以及各类室内外零星空地,减少不合理的建筑面积,增强农村居住空间的有效利用效果。

(1)独栋住宅

指独立的单体建筑,一般包含卧室、客厅、厨房、卫生间等功能空间。建设要点包括合理布局、充分利用光线和自然景观、保持与周围环境的协调,同时注重保护传统农村建筑风貌。

（2）庭院式住宅

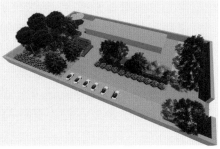

图6-1　庭院模式平面图(左)和效果图(右)

如图6-1所示,庭院式住宅指以庭院为中心的住宅群落,一般包括庭院、主建筑和附属建筑。建设要点包括合理规划庭院,营造宜人的环境氛围,使庭院成为社交、休闲和种植的场所,同时注重保留传统的建筑元素。

生活空间是居民日常活动最频繁的区域,位于院落中央靠近住宅部分,以硬质铺地为主,同时还包括一些生活设施,可提供晾晒、乘凉、吃饭、嬉戏等功能,是院落中最为灵活的一块区域。设计时需要考虑铺地的透水、美观、便于打理等因素,还应考虑与种植区视线呼应的景观因素。院落生活空间附属设施也放置在生活空间内,包括储藏间、水池、井、晾衣架、凳椅等,设计时要保证其干净整齐、方便使用,同时兼顾美观。

（3）农家乐/农业观光旅游建筑

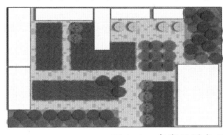

图6-2　农家乐模式平面图(左)和效果图(右)

如图6-2所示,农家乐建筑具备餐饮、住宿和娱乐等功能,主要用于提供田园风光和农村生活体验。建设要点包括装修风格与农村环境相协调,充分利用自然资源,提供舒适的环境和便利的设施等。

乡村农家乐式庭院的特点主要表现为具有乡村体验性,所以,在规划其主要空间时,需要不同人员在不同时期根据庭院利用状态的不同,把庭院划分成果蔬采摘区、餐饮娱乐区和娱乐休闲区三部分。

果蔬采摘区设置在远离建筑的一侧,用篱笆等围合限定,种植当季蔬菜瓜果,满足村民采摘体验,同时供应村民日常所需。

餐饮休闲区设置在靠近建筑一侧,用木围栏、木质地板围合限定,满足居民品尝乡土食材及喝茶、乘凉的功能需求。

活动游憩区设置在较为开放的空间,可满足各个年龄层段居民的活动需求,主要以硬质铺地为主,放置有适量的小品景观、活动设施或设置亭台水榭等。

(4)民宿

图6-3 民宿客栈模式平面图(左)和效果图(右)

可将乡村传统房屋改建成为具备多人住宿功能的特色民宿。如图6-3所示,民宿建设要点包括保持原有建筑的特色,结合当地的自然环境和文化特色,同时注入现代化的设计理念,提供舒适的居住体验,使其成为游客体验农村生活的理想之地。

乡村民宿客栈式庭院和传统农家乐式庭院的最明显差别在于,前者比较强调小环境的景观设计,虽然活动群体规模不大,但用户对休闲景观的要求更高,空间组合也更加自由和多样。所以,在规划主要空间时,就必须根据群体活动特征,把主要空间区分为休息空间、观赏空间两种形态。

休息空间主要与靠近建筑和院落中心处相结合,空间较开放,有较好的场地性,并可通过亭、树、平台、凳椅等元素的塑造,引导居住者进行休闲活动。

观赏空间主要与离建筑有一定距离的院落边角相结合,既不影响人流活动,又减少空间破碎化,通过山水、植被、小品景观等元素营造怡人的院落环境。乡村民居新改建的建筑空间组合类型多种多样,建设要点在于保留和借鉴传统的建筑风格和元素,与周围自然环境和社区相协调,同时注入现代化的设计理念,创造舒适、便利、环保的居住和休闲环境。此外,还应注重文化保护,体现乡村地域特色和地方文化的传承。

(5)合作社建筑

合作社建筑是指为农民合作社或农业企业提供办公、生产和集会等功能的建筑。建设要点包括合理规划办公和生产空间,注重建筑的实用性和功能性,提供便利的设施和舒适的工作环境,同时保留农村建筑风格和特色。

4.建筑结构要点

乡村民居新改建的建筑结构需要根据当地的实际情况和需求选择合适的方式,并注意相关的建设要点来保证建筑的性能和质量。

(1)木构建筑:利用木材作为主要的结构材料,如传统的木梁、木柱、木板等。建设要点是选择高质量的木材进行结构设计和施工,确保建筑的稳定性和耐久性。木构建筑适用于传统古村落中木结构建筑的建设。

(2)砖木结合建筑:结合了砖墙和木结构的特点,如砖墙结构下部和门窗洞口采用砖结构,上部采用木结构。建设要点是结合实际情况选择砖种和木材种类,并注意砖与木材之间的连接方式。砖木结合建筑适用于小部分村落中建筑的建设。

(3)石木结合建筑:同时使用石材和木材进行建筑构件的组合,如石墙底部和门窗洞口采用石材,上部采用木结构。建设要点是选择适合的石材种类,并确保石材与木材之间的连接牢固。石木结合建筑适用于部分特色村落中建筑的建设。

(4)混凝土结构建筑:采用混凝土作为主要的结构材料,也可以采用多样化的建筑材料,如砖混结构、钢筋混凝土结构等。混凝土结构建筑是目前大部分乡村建筑较为常用的建筑结构类型。

无论采用哪种建筑结构,都应注意以下建设要点:①结构稳定,设计合理,确保建筑的稳定性和结构的安全性;②施工精细,采用适当的施工技术和工艺,确保建筑构件的精确连接;③建筑材料优质,确保建筑的耐久性、美观性和环保性;④监控专业,由专业技术人员进行监控和验收,确保施工过程的质量和施工计划的准确实施。

第七章 美丽乡村公共设施

▶ 第一节 公共设施建设原则

一 绿色环保,安全优先

将绿色环保的发展理念贯彻落实到美丽乡村公共设施建设过程中,推动乡村公共设施的绿色低碳发展新模式、新路径;提升乡村公共设施安全运行和抵御风险的水平,确保乡村公共设施运行安全。

二 以人为本,运行便利

坚持以人为本,根据美丽乡村实际情况,因地制宜地提升乡村公共设施建设运行水平,提升公共设施供给质量和运行效率,创造高质量的生活空间,提升群众生活的便利性,满足群众对美好生活的向往。

三 科学统筹,先后有序

强化乡村公共设施建设规划的统筹引领作用,对乡村公共设施的近期建设计划进行科学、有序的编制,对各类公共设施建设项目进行合理的安排,实现乡村公共设施全领域系统推进和关键领域关键环节突破相结合。

四 提质增效,系统协调

以高质量发展为基本要求,推动乡村公共设施建设由量到质的转变,严格把控公共设施质量,统筹做好乡村公共设施建设系统协调工作,对各类公共设施的规模和布局进行科学的规划,提升乡村发展的整体性、系统性。

第二节　公共设施建设内容

　　乡村的公共设施是指给乡村地区居民享用的公共物品和设备等,包括生产类基础设施、生活类基础设施和生态类基础设施三个部分。生产类基础设施是指以农业为主的农村产业服务的基础设施,用来保障农村经济合理、高效、协调、平稳运行;生活类基础设施主要包括供水配套设施、安全防灾设施及农村公共服务设施等一系列为保障村民日常生活的设施;生态类基础设施具体包括水处理与保护设施、环境改善设施及生态保育设施。本章主要介绍生产和生活类基础设施,生态类基础设施在第八章详细介绍。

一 生产类基础设施建设内容

　　1.道路交通设施

　　乡村道路应当以现有道路作为建设基础,顺应现有乡村布局,保留原始乡村道路走势,细化镇村道路规划。根据乡村的生产方式和产业类型,研究确定村庄道路的布局形式、断面形式、路面材料等,合理布局乡村道路网,打造便捷的乡村道路体系。

　　2.产业配套设施

　　为发展乡村经济,应当大力提升农业生产配套设施的水平,增加设施的类型,确定农业仓储设施、禽畜养殖设施等生产辅助设施的位置。对农田水利设施进行改良,确定水利排灌设施布点设置,包括水库、沟渠和泵站等;梳理河道等水网体系;确定水窖、集雨池等积水灌溉设施。

二 生活类基础设施建设内容

　　1.能源通信设施

　　(1)电力设施规划

　　根据区域电力发展规划目标及乡村供电系统的规划目标,确定村庄供电电源点的位置,确定至村庄的主干线路配电线路走向,控制高压走廊通道。

　　(2)燃气工程规划

　　对燃气气源、种类、供气方式进行分析确认,鼓励利用秸秆制气,并

大力推广太阳能等清洁能源。使用管道气的,应将调压站位置、规模、入村干管的走向和位置都安排清楚并标明,并对农村燃料供应模式进行研究,优化村庄燃料供应设施的布局。

2.供水配套设施

对于靠近城镇的乡村,可以通过城镇管网辐射向乡村地区供水,逐步建成城镇连片集中供水体系,实现城乡供水一体化。

对于距离城镇供水范围较远的中心集镇地区、丘陵山区,要严格推进集镇中心水厂和水源工程建设,以一个乡镇或若干个乡村为中心,对供水管网进行合理的布局,从而形成乡镇分片集中供水工程体系。对偏远山区,可以通过修建山塘水库、高位蓄水池或开采地下水等措施,配备相应的净水和消毒设施,建立自给自足的小规模独立供水体系,从而解决山区农民的饮水问题。

3.公共服务设施

公共服务设施的配套水平应与乡村居民人口规模相适应,并与乡村人居建筑同步规划、建设和使用。学校应按规划布点,并与教育部门有关规划衔接。以乡村的规模、类型和职能作为依据,遵循分级配置的原则,研究确定公共服务设施的类型及配置规模,确定公共服务设施的布局。条件较好的乡村可以进行景观规划,也可以对村庄公共空间进行综合布置。村庄活动空间以公共服务为主要功能,与乡村居民的生产、生活和民俗相结合,适当布置休息、健身活动和文化设施,在形态上尽量做到自然、环保、简洁。

▶ 第三节　公共设施建设要点

一 道路交通设施

1.道路空间布局

乡村聚落的平面形态特征主要有团状形态、带状形态和指状形态3种基本类型,如图7-1所示,而乡村道路的空间布局紧紧依附于乡村聚落的平面形态。

团状聚落的乡村由于缺少明显的外部制约,因而内部各类资源在聚落的辐射半径内分布相对均衡,这导致与外部连接的距离明显缩短,而内部相互连接的数量显著增加,因此在布置道路时路网等级应较为复杂,道路长度小于带状和指状聚落,道路的拓展范围应较大。

团状形态　　　　　　　　带状形态　　　　　　　　指状形态

图7-1　不同的乡村道路布局形态

带状聚落的乡村各类资源分布主要呈线形,道路布置时应注意顺应山体地形、合理利用自然资源等,道路可较长。

指状聚落是外部条件最复杂的乡村聚落类型,其道路曲折度要小于其他两种聚落类型,与其道路要适应的外部条件的情况相一致,而内部路网等级构成要较少。

2.道路等级

根据乡村边界范围内的道路主要功能与使用特点,我们可将道路划分为主干道、次干道、辅路(宅间路、户户通路)等不同等级。这三级道路应该相互连通,形成环形道路体系,避免断头路的出现。

(1)主干道

图7-2　主干道示意图

如图7-2所示,主干道主要用于车辆通行,要预留出足够的退让距

离,确保会车安全,防止破坏村庄建筑或基础设施。主干道的道路绿化、排水系统及行车安全设施等应配备齐全。双坡面、道路纵坡、道路横坡的坡度应符合国家有关乡村道路建设的规范,将其控制在合理区间。

（2）次干道

如图7-3所示,次干道主要用来连接村庄的集散节点,多采用方格式布局,造价成本相对较低,布局通行能力较强,能够满足农村正常的交通需求。

图7-3　次干道示意图

（3）辅路（宅间路、户户通路）

如图7-4所示,辅路通常用于乡村内部区域间的相互连接,一般采用自由式和放射式布局,可满足居民小范围生活所需,为其提供出行便捷性。技术等级采用四级公路或乡间小道等级,辅路一般可进一步扩大公路网的覆盖面,增强其通达性,具有造价低的优点。

图7-4　辅路示意图

3.道路质量

不同路面的宽度及材质如下(按主干道、次干道、辅路材质罗列):

(1)道路宽度

主干道:硬化率要达到100%,对于村庄人口在2 000以下的小型村庄来讲,主干道建设路面适宜宽度为4.5—6.5米,对于村庄人口在2 000以上的大型村庄,路面建设宽度可适当再拓宽2米及以上。主干道应采用双坡面设计,纵坡坡度应控制在0.3%—4%,横坡坡度控制在1%—3%,乡村道路主干道断面设计示意图如图7-5所示。

次干道:建设路面宽度为2.5—4.5米,退红线距离2—2.5米,乡村道路次干道断面设计示意图如图7-6所示,双坡面,横坡坡度控制在1%—3%。

辅路(宅间路、户户通路):乡村道路辅路断面设计示意图如图7-7所示,道路宽度在1.5—2.5米最为适宜。单面坡、横向坡度需控制在1%—3%这一合理区间。

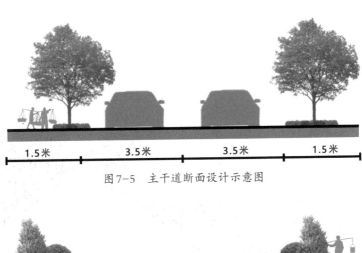

图7-5 主干道断面设计示意图

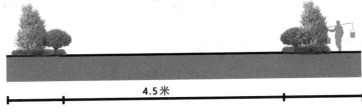

图7-6 次干道断面设计示意图

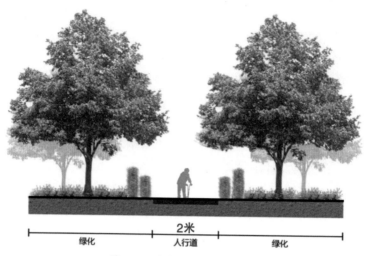

图7-7　辅路断面设计示意图

2米
绿化　　人行道　　绿化

（2）道路材质

主干道：路面优先选择坚固耐用的铺装材料，包括沥青、水泥等，如图7-8和图7-9所示；也可以选取当地天然材料和废旧再利用的材料，突出本土化和生态化。应采用传统铺装材料，以便保持乡村景观风貌。旅游型村庄道路还需要设置合理的会车或调转方向的道路标志，同时建设足够用的停车场，满足旅游车辆的停放。

图7-8　沥青路面

图7-9　水泥路面

次干道：路面铺装材料以水泥居多，也可以选取当地天然材料和废旧材料，突出本土化和生态化。可采用传统铺装材料，如石材类、预制混凝土方砖类等。

辅路（宅间路、户户通路）：路面铺装材料可就地取材，优先选用废旧材料或天然材料。辅路的道路形式无须一致，在宽度统一前提下可以选用丰富多样的铺装材料，如卵石、石板、废旧砖、沙石、碎石及其他传统建筑材料等,如图7-10和图7-11所示。

图7-10　块石路面　　　　　　　图7-11　砖铺路面

（3）道路破损

在对乡村道路升级改造前,应当对乡村道路状况进行检测评定,遵循客观公平的原则,采用科学的检测与评价技术手段。检测评定主要包括对乡村道路的路基、路面及沿线设施的检测评定。乡村重要道路检测频率应当不低于一年一次。

路基损坏:检测时可采用人工调查或自动化检测的方式。路基损坏的检测内容具体包括路肩损坏、边坡坍塌、水毁冲沟、路基构造物损坏、路缘石缺损、路基沉降及排水不畅等方面。

路面损坏:路面状况的评定应结合路面技术状况来开展,评定内容具体包括路面行驶质量、路面车辙深度、路面跳车、路面磨耗、路面抗滑和路面结构强度等方面。其中,人工调查主要针对沥青路面和混凝土路面的损坏情况进行检测,自动化检测则是对路面破损率、平整度、车辙深度、路面跳车、路面构造深度和路面弯沉情况进行检测评定。

沿线设施损坏:可采用人工调查或自动化检测的方式。具体包括对防护设施缺损、隔离栅损坏、标志缺损、标线缺损及绿化管护不善等方面的检测。

因此,针对乡村重要道路的破损状况,应当及时进行养护修缮。根据乡村道路养护修缮的工程性质、复杂程度及规模,养护修缮分为小修保养、中修、大修、改建。其中,中修、大修和改建工程应当严格遵守相关标准和规范,执行管理程序,并按照规定进行验收。

4.道路附属设施

（1）路灯

路灯要布置在主干道和次干道两侧及重点路口。路灯架设高度在

5米左右,道路间隔50米,可单侧均匀布置,也可双侧错落布置。照明路灯鼓励使用节能灯具、太阳能路灯或风光互补路灯等,优选安装太阳能路灯(如图7-12所示),根据不同村庄的历史文化特色,可局部选择具有传统氛围的特色路灯。道路灯具的光线不宜过亮,保证视线通达即可,选择寿命长、免维护的灯具为宜。

图7-12　太阳能路灯

(2)交通标识系统

如图7-13a和图7-13b所示,道路指示标识是进入村庄内部的重要导路牌,是乡村的一张名片。标识牌的位置应醒目,标识牌应色彩鲜明、字迹清晰,要有当地的文化特色或自然特色,实现标识牌的功能性与美观性相统一。可在村口或主要道路上设置路名、方向和距离的交通标识,防止行人与车辆迷路。在桥梁、交叉路口及事故多发地段设置减速带、警示牌、限重限速标识等,以保护道路基础设施,提高道路交通安全性。

图7-13a　道路标识

图7-13b　道路标识

（3）停车场

根据村庄规模、类型与社会经济发展水平,合理规划布局停车场,解决村庄停车难的问题。规模小的村庄可以结合村庄集散广场或村庄出入口布置集中式停车场,规模较大的村庄可以根据用地性质选择分散式布置。不同类型的村庄可选择不同类型的停车场,资源保护类村庄宜选择在村口集中式布局停车场;旅游型村庄可结合景区需求适当增加停车场面积,选择分散式布置停车场。

停车场面积要按照场地大小来确定,主要用于轿车、货车等四轮车的停放。在有限的场地里合理规划,尽可能多地划分出停车位。停车场铺装建议采用植草砖,如图7-14所示,以利于雨水下渗;也可采用沥青铺装,如图7-15所示。电动车或摩托车依据村民习惯,可以集中停放,也可以停放在院落内,停放合理有序即可。停车位设置可参照《城市停车规划规范》(GB/T 51149-2016)。停车场周围要有绿化带,以达到隔音、隔尘的效果。树种选择上首先考虑避免阻挡行车视线,优先选择分枝点高、枝条韧性强的树种,同时从节约资源和成本方面考虑,要保证树种抗性强和维护管理成本低,还要适当考虑夏季遮阴效果等。

图7-14　停车场植草砖铺装　　　图7-15　停车场沥青路面

（二）给水与排水设施

给水与排水工程用于水供给、废水排放等,是关系乡村居民生产生活的重要环节。

1.给水水源设置

目前乡村供水主要有市政集中供水和农村分散供水两种模式。考虑到水源、地形、居民点分布、经济条件等因素,若乡村不宜建造集中式给水工程,可分散给水。分散供水水源主要有水库水、山泉水、地下水等几种形式。

选择给水水源是首先需要解决的问题,这关系到村民基本生活需求及防火用水的来源。常见给水的水源类型主要有地下水和地表水两种。地下水处于深层,不容易受地面环境污染并且有地层的保护,水质适合作为饮用水来源。地下水质地清洁,没有颜色和异味,水温恒定,并且受地面环境影响较小。在选择水源时,首先应该明确水量和水质两个标准,当选择范围较广时,应结合经济状况和技术水平现状,全面考虑多方面因素,总体应满足如下标准:①水源、水量有保证;②水源水质好;③水源应集中布局,符合实地情况;④各方面因素统筹安排,合理规划。

2.给水管网

给水管网布置的基本形式有树枝状和环状两大类。在美丽乡村规划建设中,可采用树枝状结合环状的管网形式,对主要供水区域采用环状,对距离较远或供水要求不高的区域采用树枝状,实现供水安全与经济的有机统一。

(1)树枝状管网形式

供水干管与支管的布局犹如树干与树枝的关系,采用这种管网布局形式,管径会随供水用户的减少而逐渐变小。其主要优点是管道总长度较短,造价低,结构简单。树枝状管网适用于地形狭窄、用水量少、用户较分散和用水需求不大的小村庄。

(2)环状管网形式

这种布局形式指的是供水干管间相互连接,形成许多闭合的干管环。在环状管网中每条干管都可实现双向进水,这样就保证了整个给水系统的安全性,同时也降低了管网水头损耗,减小了管直径,节约了电能。但是,环状管网的管线铺设较长,而且投资较大。

3.雨水工程

排水断面:合理确定沟渠断面,选用当地材料砌筑,安全敷设。推荐采用梯形或矩形沟。

导排系统:充分利用地形,雨水采用明渠和雨水管网方式就近排入自然水体中,明沟加盖板改暗沟,提升村容整洁美观程度。

雨污分流:提倡规划建设雨污排水设施,逐步实现"雨污分流"的排水体制。村庄可根据实际情况,结合地形和排水量,采用明沟或暗渠的方式,使宅院和村庄内的雨水及时就近排入池塘、河流或湖泊等水体,防止造成内涝。

山地村庄:对于依山而建的村庄,应结合山水田林等自然现状,完善排水沟渠,疏浚山洪冲沟,并在山体适当位置设置截洪沟,将暴雨、洪水就近分散,排放至池塘、稻田、河流等现有受纳水体,并将收集的雨水作为农业生产用水和消防用水。

4.污水工程

雨污分流:新建村庄应采用分流制排水;已采取合流制的村庄可进行截流式合流制排水改造。

污水管网:建设污水管道统一收集污水,农户的生活污水经各自的化粪池或沼气池初步处理后排入污水管道,就近自流至村庄污水处理设施中,处理达标后排放。

生态处理:对于建设资金缺乏、生活污水量较少且有大量低洼地带的村庄,污水处理可以结合河滩用地,建设有利于自然生态、投资较低的人工湿地,经多级阶梯状人工湿地处理后的污水还可以回灌稻田。

三 电力与通信设施

1.电力工程

乡村经济要发展,电力是必不可少的保障,电也是我国乡村目前工业、农业、生活的动力和能源。电力工程规划是乡村总体规划的一部分,须在总体规划阶段进行编织。乡村电力工程的规划要根据乡村的具体现状特点和总体规划要求综合考虑来制定,主要内容包括:确定村庄负荷现状、进行负荷预测、确定村庄电源容量及供电量。乡村供电主要经由发电厂、变电站、配电所向村庄供电,所以这三者位置、容量及数量要规划合理、分配明确。电力线路网、电力负荷分布等一系列图纸要配备相关说明书。乡村电力工程规划要保证乡村用电合理和安全。

(1)电力线路网的敷设

电力线路按敷设形式可分为地上线路和地下线路。地上线路又叫架空输电线路,这种敷设方式成本低,检修方便,但安全性不高。地下线路是通过将线路埋设在地下的电缆管道敷设方式,这种方式安全性高但成本偏高且检修不易。敷设时要确保线路走向短捷、输电便利,同时要避开易受灾害的位置。

高压线路的路径走向要力求短捷,避开乡村中心地区;沿平原铺设,避开山坡走向;做好线路绝缘工作,避免发生事故;尽量减少线路转弯次数,无法避免的情况下转弯幅度不宜过大;整体电力线路网要通达全村;相关技术要求要遵循规范、制度,不可随意更改。

（2）变电站的选址

乡村变电站的位置选择是乡村输电变电工程的重要内容,直接决定着输电变电效果和未来乡村建设的一系列可能性。变电站选址合理可以节约成本、节约电力资源,保证变电站的安全性。所以变电站选址应符合如下要求:①变电站的位置要尽量靠近负荷中心,有利于接入和接出各级电压线路,并减少电力运输损耗;②不能占据基本农田或耕地,有荒地和差地应用尽用,但要避开易发生自然地质灾害的地段;③要考虑交通运输的方便性,便于装运变压器等设备;④要考虑周边环境是否有易燃易爆的危险情况;⑤要满足自然通风的要求,避免长时间受日晒或雨淋。

2.通信工程

乡村广电通信规划内容主要包括电信系统、广播电视及宽带系统等。美丽乡村的"美"不仅要体现在村民的物质生活上,还要体现在村民的精神世界里。实现广电通信全覆盖,减少乡村的信息差是广电通信规划的主要目标。

（1）电信系统

电信工程系统包括无线通信和有线通信。无线通信与有线通信的区别在于,前者利用电磁波的形式传播信息,后者采用线路输送信息。目前我国乡村主要采取无线与有线相结合的方式,无线通信系统要依赖于有线通信。通信线路的布设也是规划的重要组成部分,其建设要点如下:①与电力线路的敷设要求相同,电信线路要尽量短直,可以与其他主要线路一同铺设,节约成本;②电信线路要围绕村庄中心分布,通过用户集中的地区,节省成本的同时便于引入和分线。多种电信部门的电缆线路规划应该相互协调,有机结合,主干线路与局部中断线路须综合考虑,以免影响用户体验;③重要的主干线路和局部中断线路可以选择迂回路线,形成环形网路系统来确保通信安全。在设计网路系统时,要根据具体现状和实际可能,在总体规划中一步到位;或者也可以按照先整体、后部分的原则,先保证整体性,而后在后续扩建工程中逐步形成系统性;④对于电信工程的改建和扩建,线路的选择要优先合理利用原有设施和条件,避免不必要的拆除造成的线路设施受损。在原有设施条件不足的情况下可以增添新线路。电信线路的铺设要合理有序,分布均匀,避免杂乱无章;⑤电信线路的布置同其他管道一样,要注意安全性和隐蔽性,避开不良地质条件的场地,如存在地下水的水浸影响、地面塌陷或土体滑坡的场地。要提前踩点,对铺设位置进行详细的调查,确保土壤没有较高的腐蚀性;⑥为了使电信线路的传播效果达到最优,线路要避开强磁场或强电场的干扰,协调好与其他空中架设线路和地下敷设管道的关系;⑦在线路布置时要适当留有余地,以适应未来调整及扩建的可能性。

(2)广播电视系统

广播电视系统是语音广播和电视图像传播的总称,是现代乡村广泛使用的信息传播工具,对传播信息、丰富广大居民的精神文化生活起着十分重要的作用。广播电视系统分为有线和无线两类。尽管无线广播已日益取代原来在乡村中占主导地位的有线广播,但为了提高收视质量,有线电视和数字电视在现代城镇和乡村逐步普及,已成为乡村居民获得高质量电视信号的主要途径。有线电视与有线电话同属弱电系统,其线路布置的原则和要求与电信线路的基本相同,所以在规划时可参考电信线路的设置与布局。

此外,随着计算机互联网的迅猛发展,网络对当代社会的影响剧增,让人们感受到了天翻地覆的变化。随着网络技术的不断发展及宽带网络设施从城市到乡村的不断完善,互联网在乡村中的应用范围越来越广,它不仅可以满足人们的生活需求,在创业、就业方面的作用也举足轻重。这就要求在编制乡村电信规划时,应对网络的发展给予足够重视并为其保留充分的空间和余地。

四 农业生产设施

为了解决农业生产地区田块分散、土壤潜育化、暴雨洪涝灾害多发、季节性干旱、农产品贮存困难等问题,农业生产方面的建设应把加强高标准农田建设、提高农田防洪排涝能力、加强土壤改良和农产品仓储保鲜作为主攻方向,围绕稳定提升当地粮食和重要农产品产能加强农业生产设施建设,有序推进高标准农田新增建设工程和改造提升工程。

1.农田水利设施

(1)中小型水源工程

中小型水源工程建设可提高农业灌溉用水保障程度,缓解乡村水资源短缺问题,提高抗旱能力。

(2)排涝能力建设

针对洪涝灾害频发等问题,为保障国家粮食安全,应治理一系列重点洪涝灾害区域和低洼地。

（3）灌溉工程提升

对部分乡村生产区老旧、失修的灌溉设施进行更新和改造，推进灌区配套设施续建与现代化改造相结合的建设工程。

（4）水库除险加固

加固中小型水库的除险力度，消除水库安全隐患，提升现有水库抗旱、保供水、保农业生产等方面的能力。

2.高标准农田建设

为提升粮食和重要农产品生产能力，可建设高标准农田，完善农田基础设施。可依据《高标准农田建设通则》（GB/T 30600—2022）等标准，更新农田基础设施，改善农业生产条件，提高机械化作业水平。高标准农田建设主要包括田块整治、灌溉与排水设施建设、田间道路修建、农田输配电设施建设等。

3.农业现代化设施

（1）种植业设施

新建设施蔬菜温室大棚，弥补育秧、育苗短板。将建设重点放在设施蔬菜的优势区域，采取集中连片或一区多园的方式，对现代设施蔬菜基地进行建设和改造，建立一批能够全年生产、通过立体种植、智能调控等方式合理利用空间的高端生产设施。

（2）林业设施

加强林业科技创新，提升林业生产和治理能力。大规模苗圃生产设施可采用自动化、远程化管理，减少人工数量，节约劳动力成本。林果采摘也可以使用自动化机械收获装备，减少劳动力成本和林业工作安全隐患，同时提高机械化、自动化和智能化水平。对森林资源丰富的乡村，在森林防火检测方面，可通过热成像视频等手段构建立体化智能监测网络，提升林业智慧化水平。

（3）畜牧业设施

加强对规模养殖场和屠宰加工场的新建及升级改造。建设高效、安全的综合配套设施，重点放在养殖场的精准智能饲喂和智能环境调控方面，并配套一批完善的冷藏、保鲜和检验检疫设施，提升畜禽屠宰加工能力和储藏能力。

（4）渔业设施

在水产养殖重点区域建设一批高标准水产养殖园区，并配套智能化水产养殖设施，完善水塘尾水净化核心工程。

4.农产品仓储保鲜设施

在以水产品、茶叶等农产品为产业优势的乡村,可适当建设农产品仓储保鲜设施。

（1）产地冷藏保鲜设施

建设田间小型冷藏设施,扩大产地仓储保鲜空间,夯实产地冷链物流基础。

（2）产地冷链集配中心

在主要产地流通核心点,建设一系列具有仓储保鲜、初加工、冷链配送能力的产地冷链集配中心,实现原产地一体化服务,支持农产品加工上架。

（3）产地区域性冷链物流基地

以国家级农产品产地市场、大型农产品流通交易中心、大型物流园区、农垦企业等主体为依托,打造一批高效、安全、经济的产地区域性冷链物流基地。

（4）水产品就地加工和冷链物流设施设备

在重点水产养殖区域建设一批水产品就地加工及冷链物流设施设备,解决运输时效问题,为水产品的加工提供保障。

五 公共服务设施

1.教育类设施

（1）小学、幼儿园选址布局

小学、幼儿园等教育用地的布局应选在环境适宜、交通方便、位置适中、阳光充足、地形开阔、空气流通、地势较高、排水通畅、场地干燥、地质条件较好、远离污染源的平坦地段;场地内不得有架空的高压输电线路穿越;地下不得铺设过境天然气、石油等易燃、易爆、易污染管道;周围不得有市场、高压变电配电所、易燃易爆危险品仓库、加油站;周边200米范围内不得有游戏机室、歌舞厅、桌球室、网吧等经营性场所。

（2）校舍建筑标准

在乡村校舍建设中,应贯彻安全、适用、经济、美观的方针政策,校舍建筑应符合《中小学校建筑设计规范》（GB 50099–2011）的要求,规划建设环保、卫生、节能型校园。

建筑设计:在平面空间布置和造型设计等方面应符合抗震、防雷概念设计要求;校舍建设应符合无障碍设施规范要求;建筑风貌要结合乡

村环境和地域文化进行设计。

建筑结构:应按防御各类重大意外灾害的相关规范要求进行设计;教学用房(教室、实验室、图书室、计算机教室、体育活动室等)及学生宿舍和食堂的建筑抗震设防类别为乙类,建筑应采用抗震性能好的结构体系;在抗震设防烈度六度及以上区域,严禁使用预制空心板及预制楼梯;建筑材料的强度等级、型号、规格、质量等材料性能必须符合标准的规定,满足设计的要求。

建筑防火:应符合国家有关建筑防火规范规定。建筑物的耐火等级:楼房不应低于二级,平房不应低于三级。

建筑室内环境:室内采光应亮度均匀,应保证主要教学用房的最佳建筑朝向,避免教室内直射阳光;教学用房的照明设施应采用配有保护灯罩的节能荧光灯具,不宜采用裸灯;校舍室内应有良好的自然通风。教学用房应有冬、春季换气设施,炎热地区可采用开窗换气,还可在外墙窗台下部距地面200毫米处设置可开启的小百叶气窗;室内装修应符合民用建筑工程室内环境污染控制规范和建筑内部装修设计防火规范的要求。

2.医疗类设施

乡村卫生室、卫生服务站等医疗类设施可改善村民就医环境,满足村民基本公共卫生服务需求,缩小城乡医疗差距。

(1)规划布局

建筑选址:工程地质条件和水文地质条件应良好;交通便利,周边宜有便利的水、电、路等公共基础设施;环境应安静、远离污染源,并与少年儿童活动密集场所有一定距离;远离易燃、易爆物品的生产和贮存区、高压线路及其设施。

总体布局:确保布局紧凑合理、交通便捷及使用和管理上的方便,功能分区要合理,洁污流线清晰,避免或减少交叉感染,要有利于提高用地的综合使用效益。

(2)建筑标准

应贯彻适用、经济和在可能条件下注意美观的原则,按照经济水平和地域条件合理确定建筑标准。

建筑材料:应优先采用当地材料,结构选型宜有利于可持续发展。医疗类建筑的建设还应符合防火、建筑节能及无障碍等方面的要求;耐久年限等级不应低于二级;建筑安全等级不应低于二级,建筑抗震烈度应在该地区抗震设防烈度的基础上提高一度。

建筑装修和防护:建筑墙面应使用易于清扫、消毒、不起尘、易维修的材料;地面用材应采用防滑、宜清洗消毒的材料;部分医疗设备用房应按其设备要求防尘、防静电。

3.文化类设施

乡村文化站、图书室等公共文化类设施是公共文化服务的载体,是保障村民基本文化权益的物质基础。近年来,乡村公共文化类设施建设日益受到重视,各类文化设施也不断完善,对丰富村民的文化生活、促进社会和谐有着显著的成效。

(1)选址布局

应选择乡村中心或交通便利、人口集中的地域,有利于群众聚集活动,且易于疏散;应具备良好的工程地质及水文地质条件,符合安全、卫生和环保标准等的要求;功能布局应合理,动区和静区应分离,空间结构要紧凑,应结合自然环境,日照通风良好,有效结合建筑与场地的室内外空间,节约用地;应与乡村文化广场、公园绿地等公共活动空间综合布置,避免或减少对医院、中小学、幼儿园、住宅等需要安静环境建筑的影响。

(2)建筑标准

文化类设施外观建筑造型、室内外环境设计都要反映乡村地域特征,并且要适当表现地方风格和民族特色。室内外装修应根据当地的实际情况,做到经济、适用、美观;遵守无障碍设计的要求。建筑内部空间应保证通行便利、出入口通畅。老年、少儿、残疾人的活动区域应尽量放在首层或便于安全疏散的位置;文化类设施的房屋建筑应符合国家建筑设计防火规范的要求,其耐火等级不应低于二级;抗震要求应根据当地所属的抗震设防分区,按照标准设防类建筑设防。

4.活动休闲类设施

活动休闲类设施主要有乡村公园、小游园、小广场等。活动休闲类设施选址与规划应结合当地村庄的地理、地形条件和性质来确定,规划设计的风格和形式应因地制宜,与该地区内的整体环境相协调,合理确定公共活动空间的形态、围合、尺度和比例,做到尺度适宜,体量得当,体量到节点的细部设计要符合村民的行为习惯。

(1)选址布局

通常在村庄中心、沿道路或邻里之间进行布局,利用废弃或闲置场地,方便居民使用;结合公共服务设施布置,构成公共活动中心(图7-16),提高场地的使用效率。结合村庄内的沟渠、水塘和绿地,合理布局,

以形成节点景观,提升村庄的整体美观度。将村庄内的空闲地利用起来,进行铺石筑径,塑造良好的园艺景观,建造集休闲、娱乐、健身等功能于一体的公共活动空间,并配套相应的健身器材、文化娱乐等公共设施(图7-17和图7-18a、图7-18b)。亭廊、宣传栏、雕塑、叠石、照明、花坛等设施要考虑其实用性、趣味性、艺术性和民族特色,注重历史脉络,同时要挖掘传统文化和历史的内涵,将当地的文化遗产传承下去,结合现代材料,使本地区的工艺、色彩、造型在充分体现当地文化特征的基础上更具有时代感。

图7-16 公共休闲设施

图7-17 公共活动场所

图7-18a 健身场所

图7-18b 健身场所

(2)场地建设的要求

场地应当平整流畅,无凹陷起伏,无积水,雨雪天气无淤泥堆集;配套布置座椅、宣传栏等休闲设施,体育健身设施和公告宣传设施,完善整体使用功能;为保障活动的安全性,健身场地应当布置软垫面。

(3)附属小品的规划设计

公共活动场所内的小品设施主要有路灯、花坛、指示标志牌、座椅和雕塑等。在进行规划设计时,应考虑到附属小品不仅能在功能上满足村民一定的行为需求,同时也能在一定程度上影响人们对于街道的空间感知和感受,给人留下较为深刻的印象。

花坛是指在绿地中利用花卉规划布置的精美景观。它可以作为主景或配景来布置。在进行花坛布局时,应进行合理规划,以实现美化街道环境和丰富街道空间的双重效果。通常情况下,花坛应设置在道路交叉口或公共建筑的正前方。花坛的造型主要包括独立式、组合式、古典式或立体式,但所有形式都需要对花坛表面进行布置和装饰。

雕塑小品主要分为写实和抽象两种。写实风格的雕塑主要通过塑造真实人物的造型以达到纪念的目的。而抽象雕塑则采用虚拟、夸张的手法,表达不同的设计意图。为展现乡村建筑小品的趣味,并为需要临时休息的村民提供方便,乡村游园广场要设置一定数量的座椅,不仅要实用,还要具备艺术性。

5.便民服务类设施

（1）公共服务中心

公共服务中心可围绕村庄中心、村口等进行布局。对于规模较大的村庄,可布局在村庄中心以方便村民使用;对于规模较小的村庄,适宜将其布局在村口以形成村口景观,从而展现村庄形象,同时也可结合水塘进行绿化布局,提升村庄整体风貌水平。

（2）公共厕所

在美丽乡村建设中,应根据人居分布情况、具体环境条件和要求修建公共厕所。在用水较为便捷的地区,可以采用水冲式厕所,在用水相对紧张的地区则应设置旱厕。在规划设计时,针对拥有旅游资源的乡村,公厕间距应设置在300米左右;一般乡村的公厕间距应设置在1 000米以下;乡村居民点的公厕间距应设置在300—500米。

（3）乡村标识系统

如图7-19所示,乡村标识系统可为来往的人群提供分流、指导、咨询等。独具特色的乡村标识不仅是一种导向载体,同时还是美丽乡村形象的宣传者。它不仅能展现乡村的魅力,而且能引发人们的共鸣。因此,在建设美丽乡村中,乡村的标识或标志牌是必不可少的公共设施,是衡量乡村建设是否规范的重要标准,也是美丽乡村一道靓丽的风景线。乡村标识主要包括街巷标识、景点标识、交通标识和门牌号标识等。

图7-19　乡村标识系统示意图

(4)其他便民类设施

其他便民类设施有乡村金融服务设施(网点)、邮政所、快递驿站、农资店、农贸集市、便民超市、小卖部、农家乐等。商贸服务网点要实现网上代购、代收新型服务功能,对内服务的商业设施、经营性设施应在方便村民使用的区域选址;而部分以对外服务功能为主的商业设施、经营性设施宜布局在村口,以扩大其服务的范围。

第八章 美丽乡村生态环境

▶ 第一节 生态环境治理原则

一 因地制宜,突出特色

由于不同地区的自然条件和生态资源等存在差异,在治理过程中需要根据具体情况采取不同的措施。此外,突出特色也是生态环境治理的重要原则之一。可根据乡村独特的生态环境特点,发展生态旅游、生态农业,充分发挥乡村特色。

二 保护为主,干预为辅

以保护乡村水系、水体、林草植被等自然资源和人文资源为原则,在生态环境破坏严重的情况下适当采取调控措施,通过推进农资产品减量化、生产清洁化、废弃物资源化、产业模式生态化等手段减少农业活动对生态环境的负面影响,从而确保乡村生态系统的健康发展。

三 多方协作,共同参与

生态环境治理需要各方广泛合作和共同努力。政府、社会组织和村民等应形成合力,共同参与生态环境治理工作。政府应加强政策法规的制定;社会组织可开展环境宣传教育,组织志愿者参与治理活动;村民应形成并强化环保意识,将环保意识体现在行动中。

四 规划引领,循序渐进

通过制定相应的规划和政策文件,明确环境治理目标、措施和时限,为治理工作提供指导。同时,治理工作应循序渐进,优先治理重点区域,

解决重点问题,逐步推进整个生态环境的治理。在治理过程中,需要科学评估和监测治理效果,及时调整措施,确保治理工作取得实效。

▶ 第二节　生态环境治理内容

一　生活环境治理内容

　　加强乡村生活环境治理有利于创建优美人居环境,满足人民对美好生活的向往。乡村生活环境治理具体内容包括开展农村生活污水、垃圾专项整治行动,清理房前屋后河塘沟渠、露天粪坑等内的生活废弃物,消除黑臭水体,全面开展乡村清洁行动,推进乡村绿化行动。

二　生产环境治理内容

　　乡村生产环境治理是推进乡村现代化发展的必然途径。乡村生产环境治理包括化肥农药投入品不断减量,加强畜禽粪污处理、资源化利用,秸秆综合处理利用,农膜回收利用和"白色污染"防治等。

三　生态环境治理内容

　　良好的生态环境为乡村的健康可持续发展奠定了基础,对于促进乡村绿色发展至关重要。乡村生态环境治理包括大气污染防治、土壤与水环境综合治理、林区生态修复与湿地保护、外来入侵物种防治、野生动植物保护及清洁能源的利用等。

▶ 第三节　生态环境治理建设要点

一　生活垃圾处理

　　合理设置生活垃圾处理设施种类、数量、规模等,协调乡村地区生活垃圾收运处置体系、再生资源回收利用体系和有害垃圾收运处理体系的建设及运行管理。乡村生活垃圾分类不应过多,宜结合乡村实际情况分为2—5类。在推行乡村生活垃圾分类区域内,乡村生活垃圾收集站的设置和运营应当符合垃圾分类收集的要求,并且应当与随后的分类运输和分类处理方式配套。

1. 生活垃圾的收集

(1)生活垃圾收集模式

乡村生活垃圾收集模式的选择要依据当地的人口数量、居住密度、经济条件、生活习惯等因素进行理性的选择,且符合《农村生活垃圾收运和处理技术标准》(GB/T 51435–2021)等相关标准。在面积大、人口多、垃圾产生量大的地方可以建立户用生活垃圾收集点,并利用收集车把户用收集点生活垃圾输送到收集站,然后清运出村处理。在规模较小且管理能力强的村落可以不再设立户用生活垃圾收集点,直接利用收集车对生活垃圾定时收集并输送到收集站内,再清运出村处理。

(2)生活垃圾收集点

乡村生活垃圾收集点应当根据村庄地形、道路、建筑物的分布、垃圾的分类等因素进行合理布设。在村庄主道路两侧、村民委员会附近、公共活动场所、公交车站及其他人口稠密或者人流量大的地区,应当设立乡村生活垃圾公共收集点。在乡村生活垃圾收集点设置垃圾桶和垃圾箱作为收集容器。收集容器应当美观适用、整齐卫生、防雨防腐、坚固耐用、阻燃抗老化,并与周边环境相和谐,其种类和规格应当符合国家现行相关标准要求,并可配合后续收运车辆,利于实现自动化或者半自动化的装载操作。生活垃圾收集点应当有专门人员负责环境卫生和定期清理工作。乡村生活垃圾分类实施区域应当按照分类方式安装垃圾收集容器,收集容器应当便于辨认和投放,应当安装明显标志,标志应当与国家现行标准一致;回收利用金属、玻璃和塑料等废物,危险废物应当分别收集、处理和处置;严禁垃圾乱扔、乱堆、乱烧。

(3)生活垃圾收集站

乡村生活垃圾收集站应当设于村口或者垃圾收集车辆和运输车辆便于停靠的地方,距集中居民点要有适当的距离,远离环境敏感区,如农田、河道和坑塘及饮用水水源地。乡村生活垃圾收集站的设置形式要根据垃圾的清运量及垃圾的成分进行合理的选择,可以包括若干个垃圾桶、封闭式垃圾箱及其他容器;应当按照服务人数、垃圾种类、垃圾日产生量和清运周期等因素进行计算,最好使用标准容器进行计量,并且应当符合相关规定;乡村生活垃圾收集站面积应不低于 20 m²,地面应硬化并安装通风、除尘、除臭和隔声等环保设施;规模在 20 t/d 以上时,适宜使

用带压缩功能的装置,并有专人操作维护,经常进行消毒、杀虫、灭鼠,使站内外环境干净卫生。

2.生活垃圾的分类

根据《农村生活垃圾收运和处理技术标准》(GB/T 51435-2021),乡村生活垃圾可分为2—5类,5类垃圾为可卖垃圾、易腐垃圾、有害垃圾、灰土、其他垃圾等。在推进美丽乡村建设时,应指导居民将生活垃圾进行分类,并将其投放到指定设施或地点。例如,纸类、金属、玻璃等可卖垃圾应当进入再生资源回收体系进行循环利用;而易腐垃圾可采取堆肥方式处理;有害垃圾要做到单独收集、运输及清理,各环节应当严格遵守环境保护部门的相关规定,在条件允许的情况下可以上门收集。

3.生活垃圾的运输

(1)垃圾运输车辆

乡村生活垃圾运输车辆应当根据乡村生活垃圾收集点(站)垃圾装载容器种类和垃圾运输量、运输运距及道路情况进行配置。乡村生活垃圾收集点(站)到转运站运输车辆额定荷载不应低于2 t。乡村生活垃圾收集点(站)或者转运站到生活垃圾处理设施运输车辆额定荷载不应低于5 t。运输车的多少根据垃圾的产生量及清运频次而定。运输生活垃圾的车辆应当封闭。在使用敞口式运输车辆的过程中用苫布和网布覆盖。使用直运模式时,以压缩式运输车为宜。乡村生活垃圾运输车辆应当集中管理,统一分配,停放地点应当固定,车况应当保持良好,车容应当整齐,标志、标识应当明显。

(2)运输模式

乡村生活垃圾运输包括直运、转运两种模式。采用直运模式的,乡村不设置转运站,收集点(站)的垃圾直接由运输车运送至生活垃圾处理地。采用转运模式的,乡村需要设置转运站。收集点(站)的垃圾首先运输至转运站,再集中运输至处理设施。

4.生活垃圾的处理

乡村生活垃圾处理要采取成熟、经济、环保的程序,并最终实现垃圾的减量化、无害化和资源化。乡村生活垃圾要优先列入县、市生活垃圾处理设施,现有处理设施能力不足的要新建、改建或者扩建。

(1)小型生活垃圾卫生填埋场

乡村生活垃圾暂时没有统筹处理条件时,可以由其所在地乡镇和毗邻乡镇联合建设小型生活垃圾卫生填埋场或进行区域性焚烧设施处置。小型卫生填埋场总库容应满足现行国家标准《农村生活垃圾收运和处理技术标准》(GB/T 51435–2021),填埋库区的污水收集系统应当由导流层、盲沟、集液井(池)、泵房、调节池和污水水位监测井等组成。主盲沟的坡度要确保污水能够迅速经干管流入调节池,纵、横方向的坡度不低于1%;集液井(池)位于填埋库区的外部;调节池容积不得少于3个月污水处理量,可用高密度聚乙烯土工膜防渗结构或者钢筋混凝土结构,建立高密度聚乙烯膜覆盖系统,覆盖系统设计要确保覆盖膜上表面雨水导排、膜下沼气导排畅通、池底污泥能被清理干净;库区污水水位应当控制在污水导流层以内,处理后的排放标准应当达到国家现行标准相关要求。填埋场防洪系统设计应当满足现行国家标准的相关规定。

对于暂时没有能力将生活垃圾集中到达标的处理设施的乡村地区,可以就近采取简易填埋方式进行处置。简易填埋场场址宜选土层较厚、地下水位深、距居住区及人口聚集区较远且地质相对稳定处。简易填埋场可以选择自然防渗方式填埋,库区底自然黏性土层的厚度不应小于2 m,边坡黏性土层的厚度应在0.5 m以上,黏性土的渗透系数不应超过1.0×10^{-5} cm/s;填埋场四周要有简易截洪和排水沟以防雨水入侵,在填埋垃圾时要及时覆土处理。

(2)区域性生活垃圾焚烧处理

区域性生活垃圾焚烧设施应当按现行国家标准相关规定开展运行监管和管理评价工作,建立内部自检、运行质量监管监测、环境质量监督监测3个等级监测系统以确保垃圾焚烧质量及焚烧厂的安全平稳运行。烟气净化系统须进行配置,烟气净化系统的设计和排放指标应当达到对焚烧厂环境影响评价认可的标准。焚烧炉底部灰渣经过浸出毒性测试合格后,可以按照普通固体废物直接送入填埋场进行处置,也可以作为铺路材料或者其他建筑材料使用。焚烧飞灰应当分别收集、储存、输送、处置。

(3)实行乡村生活垃圾分类的地区应进行分类处理

以分类收集为主,利用无机垃圾填埋处理和有机垃圾堆肥处理相结合的方式。砖瓦、渣土和清扫灰等无机垃圾可以在乡村废弃坑塘填埋和道路垫土过程中使用。有机垃圾适宜与秸秆、稻草和其他农业废物混在一起进行静态堆肥,也适宜与粪便、污水处理后的污泥和沼渣混在一起;或混在粪便中,进户用和联户沼气池厌氧发酵。

二 生活污水处理

1.生活污水设施设置

(1)污水池建设

污水池与饮用水源、居民房屋及农田要保持一定的距离,以免造成污染。污水池可设在村落边缘或农田一角,以保证与周边环境相和谐。污水池常见的建设材料有水泥、砖块、沙子等。挖一个大小合适的坑洞,坑洞深度及面积可根据本村实际情况加以调整,在坑底铺一层细砂或者碎石增强排水效果。用砖或水泥板等物在污水池内筑墙。围墙要比地面高一些,以防污水外溢。围墙建好之后,上面铺好水泥板,便于后期养护清理。污水池的建设还需要考虑进水口和出水口的位置。进水口应位于村庄的下风向,避免污水的异味扩散到居民区域。出水口应设置在污水池的较低位置,以便污水顺利排出,并可与其他污水处理设施相连接,如农田灌溉系统或湿地处理系统。污水池需要定期清理,以去除污物和沉积物。清理时,可以使用专门的工具,如污水泵或人工清理装置。清理后的污水可以进行二次处理,以进一步净化水质。

(2)生活污水处理附属设施

乡村生活污水处理附属设施有出水井、流量计、水质检测设备、设备房、电气控制柜、标识牌、护栏。出水井的布置应符合排水畅通、标识清晰、取样容易、便于运维等要求。对于处理规模大于 20 m³/d 的乡村生活污水处理设施,其调节池提升泵后部或者出水井宜设置流量计;在条件成熟时,可以配置在线水质检测设备并将收集到的信息及时传送到监管平台。具有水质在线检测和设备运行状态监测等功能的农村生活污水处理设施,要建设好设备房,确保设备房结构稳定,设施安全可靠,通风隔热,美观和谐。标识牌应包括乡村生活污水处理设施信息,如进水口、出水口和安全警示等。乡村生活污水处理设施(除户用处理设施外)应当安装安全护栏、警示标志和救生设施等安全设施,存在坠落危险的设施应当安装防坠网。

(3)化粪池建设

乡村的化粪池有两种,一种是现成的乡村污水治理设备,这种设备只需要埋到土里,连接排污管就可以。另一种是自建的三格化粪池。三格化粪池如厕结构主要包括厕屋、便器及三个封闭化粪池。便器通过进粪管与化粪池连通,三个化粪池通过过粪管连通。

2.生活污水管网的布置模式

在进行乡村生活污水收集系统设计时,要考虑地形、地势、生活习惯、村落布局、水文地质条件、道路布局,同时结合当地的经济水平和运行维护管理水平等因素,因地制宜,采取雨污分流制。

(1)纳管模式管网布置

纳管模式管网布置适用于离市政污水管比较近并满足接入条件的村、城中村及城乡接合部。

(2)集中处理模式管网布置

集中处理模式管网布置适合集中居住且远离市政污水管网或最近市政污水管网达不到的中心村、集居区或人多地少的自然村,构建与之相匹配的乡村管网采集系统,对村民排放的废水进行集中处理,并统一设置污水处理设施,对村庄生活废水进行处理。

(3)管控模式的管网布置

管控模式的管网布置适合人口众多、污水产生量小的区域,主要用于卫生厕所改造,促进乡村生活污水的处理,同时,消除化粪池水直接排放,实现就近资源化。管控设施主要是三格化粪池(或四格生态化粪池),经济条件良好或者需要进一步加强管控的地区,应当以三格化粪池粪污治理为基础,利用净化槽这种分散式的加工方法进行后续加工;向山体、林地、农田等地排放尾水,进行消纳和吸收利用;还可以通过对农田沟渠、塘堰及其他排灌系统的生态化改造及种植水生植物和修建植物隔离带对尾水进行进一步的利用与净化。

(4)管道布置要点

依据村庄规划、地形标高、处理设施选址、排水去向、安接管短和埋深确定合理的地方,尽量采用重力自流原则进行布置,并尽量避开穿越公路、铁路、地下管线和构筑物。若由于地形、地质或者地面障碍物很难实现重力自流,可以通过压力输送或者真空负压方式进行采集。

3.生活污水的处理

乡村生活污水处理主要有预处理、生物膜法、活性污泥法、自然生物处理法等步骤与方法。

(1)预处理

预处理以使用格栅、沉砂池、调节池为主。格栅由一组金属平行栅条组成,放置于废水处理流程前端,斜向或者竖直放置于污水流过的通道内,以除去废水中的悬浮物和漂浮物,将纤维物质与固体颗粒物质结

合在一起,确保后续加工设备或者构筑物能够正常工作,降低后续加工负荷。污水一般都有一定量的砂粒等无机物,沉砂池具有清除比重大的无机颗粒的作用,常用的沉砂池有平流式、曝气式和旋流式三种。调节池按其调节功能分为水量调节池、水质调节池和事故储存(调节)池。

(2)生物膜法

生物膜法是让污水通过固体填料,填料在污泥垢中形成生物膜,生物膜中含有大量微生物,可以吸收降解水中的有机污染物,对于污水与活性污泥具有相同的净化效果。填料表面剥落的死生物膜随着污水进入沉淀池并通过沉淀池进行净化。针对生物膜可采用厌氧生物膜池、生物接触氧化池、生物滤池、生物转盘等多种处理构筑物。

(3)活性污泥法

活性污泥法是废水好氧生化处理中使用非常普遍的一种技术。活性污泥法主要使用曝气池二次沉淀池、曝气系统和污泥回流系统等构筑物;主要以氧化沟活性污泥法等形式出现。

(4)自然生物处理法

自然生物处理法是利用自然环境中微生物的生物化学作用,将溶解在污水中的有机污染物和某些无机毒物(如氟化物、硫化物)进行氧化分解,以达到将其转化成稳定无害无机物进而净化废水的目的。自然生物处理法以人工湿地和稳定塘为主。人工湿地是人为构建并控制操作的类似沼泽地的土地,向人为构建的湿地内可控地投配污水和污泥,使污水和污泥沿着某一方向运动。这种处理法主要利用土壤、人工介质和植物、微生物等,借助物理、化学和生物三重合力治理污水和污泥。

三 农业污染治理

1. 化肥农药控制

促进农药减量增效,一方面需要淘汰低效、高毒、高残留品种以促进农药利用率的提高,用高效、环境友好的绿色农药及生物农药新品种取代低效陈旧的品种;另一方面应优化施药机械及模式,提倡推广科学用药,正确处理农作物产量与品质的关系,做到合理施用农药,科学防治病虫。

(1)应用生态控制

在农田生态工程和果园生草覆盖技术相结合的基础上,推广抗病虫品种、优化作物布局、培育健康种苗、完善水肥管理、生物多样性调控及对自然天敌的保护和利用等,对病虫害的发生源及其滋生环境进行改造,人为地提高作物的自然控害能力及抗病虫害能力。

(2)应用生物防治

推广以虫治虫、以螨治螨、以菌治虫和以昆虫天敌为主的生物防治重点措施,增加对赤眼蜂、捕食螨、绿僵菌、牧鸡、牧鸭、稻鸭共育等成熟产品和技术的示范推广,增加植物源农药、农用抗生素、植物诱抗剂和其他生物生化制剂的使用。

(3)应用物理防治设计

主要推广昆虫信息素(性引诱剂、聚集素等)、杀虫灯、诱虫板(黄板、蓝板、绿板等)、果蝇粘胶板、诱蝇球等防治蔬菜、果树、茶树及其他农作物害虫,积极发展并推广植物诱控、食饵诱杀、防虫网阻隔、银灰膜驱避等理化诱控技术。

(4)应用科学用药

大力推广高效、低毒、低残留、环境友好型农药和生物、微生物类农药,实现农药轮换施用和交替施用,实现农药的精准使用、安全使用;通过其他配套技术加强对农药抗药性的监测和控制;宣传规范用药知识,严格推行安全用药、间隔用药。通过农药的合理施用,尽量减少农药施用带来的不利影响。

2.养殖业污染处理

(1)畜禽废弃物堆放

畜禽废弃物堆存要有固定的场地与设施,要做到地面水泥硬化,加强管理与养护,避免畜禽废弃物溢出、渗漏、雨水淋湿及恶臭气味对周边环境产生污染与伤害;畜禽废弃物直接还田,要经过处理,符合无害化标准,杜绝病菌扩散;运输途中须采取防渗漏、防流失等措施,防止其污染环境,并妥善处理贮运工具上的清洗废水。

(2)畜禽养殖废气

为了解决畜禽养殖中氨气、硫化氢等产生的异味问题,主要从两个方面对其进行除臭处理:一是往饲料中加入除臭剂,加强饲料对蛋白质的消化和吸收,继而降低臭气的排放量;二是通过物理法(水洗法、空气稀释法)、化学法(燃烧法、投加药剂法)、生物法(微生物菌剂、生物滤床法等)来控制动物排出粪便时的臭味。

(3)畜禽粪便利用

畜禽粪便所含有机物是一种有很好应用前景的碳源,可以经过厌氧发酵将其转化成甲烷和氢气等清洁能源;同时消化产物沼液、沼渣中含

有丰富的有益微生物及氮磷营养元素,可以将其作为土壤有机肥使用。

3.农膜回收处理

推广加厚地膜的使用、专业化回收和资源化利用,促进形成村民自愿交售、专业化组织回收、加工企业回收、以旧换新等多种方式的回收利用机制。对有二次利用价值的废旧棚膜和菌棒膜采用市场化机制进行回收处理,将没有利用价值的废旧地膜列入农村生活垃圾处理系统。推广全生物降解地膜的替代使用,切实控制农田"白色污染"。

(四) 乡村绿化与美化

1.乡村增绿行动

根据乡村自然条件,因地制宜,宜树则树,增加乡村总体绿量。主要围绕居民点周边进行大片林木的建设,利用角地、空地、废弃地等,绿化、美化村庄,建设多个小微绿地及供村民休闲娱乐的公园和公共绿地。

(1)乡村片林

乡村片林是在乡村周围或村内空置地块成片栽植的人工林。在进行配植时,一方面以生态功能为出发点,另一方面以经济性为考量,以乡土植物为主体,稳定的植物群落为基础,适当添加休闲基础设施,营造乡村的休闲空间。

(2)经济林地

依托村庄现有林业产业资源,因地制宜,开展林果采摘、林木苗圃、林药间作、林下养殖等项目,采用在村庄周边大面积栽植这一模式,既能产生生态价值,又能产生经济效益。

(3)立体绿化

立体绿化包括屋顶绿化和墙面绿化。屋顶绿化既能美化房屋,又可起到屋顶隔热的作用。乡村屋顶绿化应遵循乡村生活特点,预留种植、晾晒等空间。在屋顶绿化植物选择与搭配方面,应避免种植高大乔木,做到所选择的花木错落有致、色彩层次搭配和谐。实施墙面绿化,可在院落的不同方位选取不同的可攀缘的植被种类来进行墙面种植。

2.乡村道路绿化

乡村道路绿化的植被类型主要有乔木、花灌木和地被植物等。行道树应选树形美观、枝繁叶茂、适应性较强的品种。种植株距不应少于5米,树干高度应在2.5—2.8米;主要道路以种植乔木和花灌木为宜,乔木的高度要与村庄建筑和环境协调一致,打造林荫型道路;次要道路以小乔木、小花灌木和地被植物为宜,忌带刺植物;辅路适宜按空间尺度点栽乔木以满足休憩需求。

3.乡村庭院环境品质的提升

庭院绿化应"春有百花夏有荫,秋有硕果冬有青";实现乔灌木组合、常绿树种和落叶树种组合、花卉和草坪组合、屋顶和地面绿化组合、平面和立体绿化组合;植物配植要遵循简洁明了、自然天成的原则,并充分利用当地乡土植物,让乡村居民处于闲适的生活环境之中。庭院绿化一般都是提供休憩为主,创造出人与自然相协调的氛围。综合庭院绿化美观与功能特点,乡村庭院绿化模式可分为园林小品型、林木生态型、经济型、蔬菜型、花卉园艺型与混合型6类。

(1)园林小品型庭院

这类庭院采用叠山、理水的规划手法,其建筑、花木、置石相映成趣,在乡村建筑庭院的有限空间内,营造最适宜乡村居民生活的氛围。靠近建筑边墙的地方可选择低矮树篱、花篱及多年生草本花卉等,做到既美观又实用。主要绿化地块可以铺设草坪并在合适的位置点缀桂花、玉兰等一些乔灌木来构成节点。还可将草本植物设置于人工花池中、花坛边或步行道边等处,丰富庭院绿化种类,创造精致典雅的空间。

(2)林木生态型庭院

林木生态型庭院适用于占地面积大、房前屋后有大量树木的院落。植物栽植应选用适合本地乡土环境的乔木,运用多树种搭配原则将常绿与落叶树种进行混交,营造出错落有致、布局合理的植物群落景观。

(3)经济型庭院

经济型庭院适用于占地面积大、以经济类作物为主的庭院。这类庭院中常见树种为杏、桃、李、柚、橘、枇杷、柿子等,花期可观花,成熟期果实可食,树木既有生态价值,又有经济价值。

(4)蔬菜型庭院

蔬菜型庭院以蔬菜等为庭院主要栽植种类,栽培的蔬菜以当地品种居多。蔬菜型庭院既能展示蔬菜的田园风光,又能满足村民自给,有很高的实用性。

(5)花卉园艺型庭院

花卉园艺型庭院适用于面积不是很大的院落。花卉园艺型庭院指以花卉类为主要种植对象的庭院,其植物种类多以花灌木和草本植物为主,或露地栽培,或造型盆栽,兼具四季观花、观叶、观果等观赏价值。

（6）混合型庭院

混合型庭院就是将前几种类型进行混合，在美观实用的基础上，融入不同的元素，以满足村民的需求。

4.乡村公共空间美化

（1）乡村道路周边空间治理

乡村道路周边空间整治主要是针对道路两侧存在的多种问题进行整治，主要有农作物不规范种植、建筑物搭建违法、杂物乱堆乱放和路口不规范搭接等问题。在问题解决后，按照规划规范使用道路两侧的空间，并进行绿化、美化工作，实现道路两侧的整洁美观。

（2）河道公共空间治理

河道公共空间治理是对河道两侧及非承包滩涂进行治理，禁止违法建设、乱耕乱种和非法取土采砂等行为，按照河道绿化规范，恢复生态，在岸边可建设地段适量建设观景步道，营造岸绿水清的美景。

（3）村庄内公共空间环境整治

村庄内公共空间主要包括村中空闲地、民居房前后、废弃畜禽圈舍及露天厕所，整治重点为乱搭乱建、乱堆乱放、侵占公共空地等问题，要统一美化、绿化小广场、小游园、公厕等公共基础设施。

村庄小广场、小游园是村庄内部最具活力的绿化景观节点，是对外展示村庄形象的重要窗口，不仅能够为村民提供健身、文娱活动及欣赏、游憩为主的场所，还能为营造农村特有的社区文化氛围提供平台，并使之成为邻里之间联系的纽带和核心。这些地方的规划应当以本地乡土植物群落为主，也可适当引进外地观赏植物，丰富乡村绿化层次，提高乡村现有景观水平；绿化搭配应注重季相的变化，打造四季景观。同时，树种的选择应符合村民的实际使用需求和村庄的乡土风情，避免过于城市化的绿化形式，切忌选择带刺、有毒等具有安全隐患的植物。

（五）资源保护与修复

1.水环境治理

控源：水环境污染源头主要包括流域内生产、生活污染和农业面源污染。生产、生活污染主要通过农村厕所革命、畜禽养殖粪污治理、厕所粪污无害化等方式进行处理。农业面源污染主要是通过优化种植结构、推广测土配方配肥等科学施肥技术、禁止使用高毒高残留农药等方式进行治理。

截流：系统开展截污整治，有条件的地方通过合理规划农村内污水管道来降低污水排放量，达到污水治理的目的，严控生产、生活等废水直排。

治污：加大生活污水治理和垃圾处理设施的建设，在有条件的乡村推进雨污分流。完善污水集中处理设施，推动污染全面达标排放。

净水：推广河道清障、清淤疏浚、岸坡整治、水源涵养、水土保持、河湖管护及生物过滤带、河岸绿化等工程。在农田毗邻水库和河流的地方建设植物缓冲带，通过吸收转化，有效减少氮、磷等营养物质进入水体。

2.外来入侵物种防控

外来入侵物种防控关系到粮食、生物、生态安全，必须坚持底线思维、源头预防、综合治理、全民参与的原则，做好防控工作。

对外来入侵物种进行长期追踪和监控，若发现有外来物种入侵，要及时组织人员进行清除；对于已在该地区进行定殖、广泛分布的入侵物种，可采取生物、物理、化学等综合防治措施；无法灭除的，可以设置阻截带，防止入侵区域的进一步扩大；当入侵物种大规模暴发或蔓延，对生产、人体健康、生态安全构成威胁时，应当及时向所在地的政府、行政机关和环境保护机关进行报告，如发现达到《农业外来生物入侵突发事件应急预案》启动条件的，应当立即启动相应的应急方案。

3.野生动植物保护

在国家重点保护野生动植物物种天然集中分布区域，以部属科研单位及县级或地级农业事业单位为建设主体，以建设单位和工程所在村相结合的管护方式，建立野生动植物原生境保护区（点）并开展资源监测、管护和宣传等相关工作。在保护区（点）内未曾受到人为因素破坏且有野生动植物天然集中分布的区域建设核心区，在原生境保护区（点）核心区外围、对核心区起保护作用的区域建设缓冲区。建设内容主要包括隔离设施、警示设施、看护设施、排灌设施及配套设备等。

4.清洁能源的利用

使用清洁能源既能确保乡村居民的生产、生活安全，又有利于居民身心健康，同时，清洁能源也更符合现代文明的要求。在美丽乡村建设中，应重点发展适合乡村的清洁能源。

（1）乡村沼气的利用

传统的乡村沼气设备有沼气灶具和沼气灯具。沼气灶具的主要应

用装置是沼气灶,组成部件通常包括灶架本体、电子打火器、进气三通管、火盘、沼气阀体等。沼气灯具通常由灯体、灯罩、纱罩、弹片、灯头、引射管、喷嘴接头、吊钩等组成。通过沼气灶具、灯具的使用,提高育雏房的温度、增加光照,达到最大限度利用沼气的目的。

除沼气灶具、沼气灯具,现在还有沼气发电,即将厌氧发酵工艺生产的沼气用在发动机组中,产生电能和热能,其综合热效率可达75%,具有节能、环保、高效等优点。

(2)太阳能资源的利用

太阳能是一种可再生的能源。太阳能非常丰富,人们可以自由地利用,不需要运输,也不会对环境造成污染。

①太阳能热水系统

太阳能热水器是一种以太阳能集热器、传热介质、蓄热水箱、连接管道为主体的太阳能集热器,其集热器收集太阳辐射,并利用传热工质通过循环方式将水箱内的水进行加热。为保证阴雨天气下太阳能热水器的正常使用,可以增加辅助加热装置,以满足用户对热水的需求。安装时可将太阳能集热板与坡屋顶相结合进行设计,这样既美观,又能充分利用空间,储水装置可安装于屋顶内部。

②太阳能光伏发电系统

太阳能光伏发电主要有以下四种方式:其一,建立大规模光伏发电站,这种方式适用于有大面积荒地且太阳能资源丰富的区域;其二,利用屋顶建立小型分布式光伏电站,有效利用原有空间;其三,建立光伏农业大棚,所产生的电能可以支撑整个大棚的灌溉系统,满足冬季的供热需求,为植物提供光照,提升温度,促进作物的生长;其四,利用太阳能光电,在白天有光的情况下,将太阳能转换成电能,存储在蓄电池中,蓄电池在夜晚提供电力,以满足照明的需求。借助太阳能照明的主要有草坪灯、庭院灯、高杆灯、景观灯等。

③太阳能采暖系统

利用太阳能集热器收集太阳能对室内进行供暖,这种采暖按照利用方式可分为直接采暖和间接采暖。直接采暖包括主动式太阳能采暖和被动式太阳能采暖。被动式采暖属于自然采暖方式,主要通过对建筑物的方位与建筑的内、外结构特点的合理布置来吸收和贮存太阳能,同时减少热量的散发,达到采暖的目的。这种采暖方式应用的局限性较大,当前尚未得到大规模推广。主动式采暖系统主要由太阳能集热器、储热装置、传递设备、控制部件与备用系统组成,按照集热工质可分为太阳能热水采暖系统和空气集热采暖系统及太阳能和热泵联合运行作为热源的太阳能热泵系统。

(3)风力发电

小型风力发电机组多以单机离网形式运行,为直流电器供电。近年来,风电机组采用100瓦太阳能电池板和1 000瓦风电机组,既能为用户供电,又能实现直流电向交流电的转化,适合用于农牧区、湖区、滩涂、边远哨所、风电场条件较好、电力供应不畅的地方。

(4)照明节能

照明路灯应多使用节能灯具,如太阳能路灯或风光互补路灯等。

此外,照明节能还应注意以下几个方面:

①乡村住房应按户设置电能计量装置。

②乡村住房内应选用节能、高效的照明设备和电气设备;尽量避免使用白炽灯。

③乡村新建住房和既有住房的照明线路应使用铜线。

④乡村住房供电线路不能直接明装,必须暗装管道或PVC塑料管;电缆敷设于墙内、楼板内及吊顶内时,必须穿过管道,不得直接铺设于墙内,吊顶内的导线必须用阻燃聚氯乙烯导线管。

(5)作物秸秆资源综合利用

①秸秆综合利用技术。秸秆作为新型生物能源具有多功能性,可广泛用于肥料、饲料、燃料和工业原料等方面。在种植(养殖)业综合利用、能源化利用中及以秸秆为原料的加工产业中具有显著效益。秸秆综合利用在提高土壤有机质、培肥土地、降低肥料使用、改善农产品质量、降低秸秆燃烧和丢弃的污染、保护生态环境等方面起到了显著作用。作物秸秆可广泛应用于乡村地区。

②秸秆沼气技术。根据发酵过程的不同,确定适宜的料液浓度,采用氮肥或人畜粪便调节原料的碳氮比例,以达到35:1的最佳发酵条件,同时注意冬季的增温和保温,以保证项目周年期间的正常产气。沼气是一种高质量、洁净的能源,它可以直接用于家庭,也可以用来发电、烧锅炉,成本低,肥料利用率高,可广泛应用于乡村地区。

③秸秆固化技术。秸秆固化后可以制成棒状、块状、颗粒状等多种形态的燃料。当原料中的木质素含量很低时,可以加入少量的胶合剂,以维持成型燃料的形状。秸秆固化后的燃料致密、均匀,比普通秸秆的

聚积密度高出十多倍到数十倍不等,便于贮存、长途运输,而且燃烧完全,几乎没有黑烟排放,可广泛应用于乡村地区。

　　④秸秆液化技术。秸秆经热解液化后可以生产出生物油,可以直接用作锅炉等热能装置的燃料。秸秆液化技术产生的燃料可替代柴油和汽油,降低农业生产生活对石油的依赖性。利用生物技术对秸秆进行发酵,可以制备乙醇燃料。

第九章 | 美丽乡村乡风与
文化传承

▶ 第一节　乡风与文化传承原则

发展美丽乡村,必须保护和尊重乡土文化,发扬和传承优秀地方特色。对于乡村的物质和非物质文化遗产,应通过合适的方法进行保护和宣传。重视乡村地方文化多样性的发展,通过传统乡土文化特色发展规划,对乡村多样化的物质形态和人文特点进行系统性、整体性的保护和宣传。

一　尊重地域性,挖掘特色

一方水土养一方人,特色鲜明的地域文化包括自然地理环境、历史遗迹、古村落与建筑、社会风俗、语言文化等物质文化与非物质文化。尊重地域文化,充分了解地域文化特色,因地制宜,就地取材,将本土文化特色合理融入乡村建筑、景观、公共空间和基础设施中,体现地域文化的独特性与多样性。

二　保护传承,持续发展

保护濒危的古建筑、桥梁、水系、街道及濒临消亡的乡风民俗、传统工艺、传统文化、民间艺术等,给予它们"抢救式"保护。对于相对集中或比较分散的资源,需要采取不同的方法和措施予以保护。充分尊重历史的完整性与真实性,将保护与利用相统一,避免因过度建设、开发而带来破坏。

三　合理开发,拓展品牌

充分挖掘当地文化遗产,加强对文化资源的开发利用;多手段、全

方位、广角度地注入文化元素,使人文与自然资源巧妙结合。根据地方特色培育优势文化产业,树立地域文化品牌。加强品牌战略建设,通过拓展品牌经营内容,如文化游览、体验等活动,增强人们对文化保护的认知。

▶ 第二节　乡风与文化传承内容

乡村文化包含物质文化和非物质文化两个部分,物质文化与非物质文化之间相互依存、相互影响、相互交织,在保护工作中须兼顾,不能顾此失彼。乡村文化承载着乡村社会文明乃至中华民族深厚的文化底蕴,蕴含着地区特有的思维方式、文化意识、精神价值、生产关系与生产方式。因此,保护与传承乡村文化具有深刻意义。

一　物质文化

物质文化是指以物质形态为依托而存在的文化形式。民俗物质文化则是指在乡村地区以物质形态留存下来的传统文化,例如古建筑、传统民宿、特色街巷等。物质文化是有形的,是实体的存在,可以通过博物馆收集保护,例如民族服装、传统桌椅等;对于建筑遗址类物质文化可以通过划定保护区、确定保护单位等方式进行保护。物质文化遗产本身及其相关存在环境具有不可再生性,不可恢复。物质文化遗产包括历史文物、历史建筑(群)和人类文化与自然遗址,如皖南古村落、黄山风景区等。

古建筑:徽派建筑是中国古建筑中重要的流派之一,它集徽州山川风景之灵气,融风俗文化之精华,体现了鲜明的地方特色。徽派建筑于2000年被列入"世界遗产名录",以其青瓦白墙、砖雕门楼的风格而闻名于世,民居、祠堂和牌坊等被誉为"徽州古建三绝"。

传统民宿:和一般的农家乐不同,传统民宿本身所体现的文化特质较为鲜明,所蕴含的风土气息较为浓厚。传统民宿保留了地方传统肌理,同时照顾到现代生活的需要,顺应自然山水格局,彰显乡村古朴之美。

特色街巷:乡村特色街巷一般以本地特色文化为依托,除商贸之外,还要重点突出休闲、旅游和文化体验的功能,是一个集当地美食、工艺品等土特产及特色客栈民宿等文化元素于一体的公共休闲文化区域。

（二）非物质文化

非物质文化遗产是指各种以非物质形态存在的与群众生活密切相关、世代相承的传统文化表现形式，包括口头传统、传统表演艺术、民俗活动、礼仪与节庆、有关自然界和宇宙的民间传统知识和实践、传统手工艺技能等传统文化及与上述传统文化表现形式相关的文化空间。非物质文化遗产是无形的、活态的，是人类生活方式的组成部分，也是不断发展的文化生态系统的组成部分。保护非物质文化遗产，目的是让文化遗产在保护中传承下去。人是非物质文化遗产传承和延续的主体，是非物质文化保护的特殊载体。非物质文化遗产依托社会化的个人，通过借鉴文献和相关资料代代传承，具有可再生性。

（三）乡风文明

乡风是乡村风气的简称，是特定社会文化区域内历代村民共同遵守的行为规范，比如礼节、习俗、观念和行为方式等，它是一个地方独有的气质，展现的是当地的精神面貌。文明的乡风包括良好的社会风气、礼仪规范、生活习俗、思维观念和行为方式等，是乡村文化振兴的重要内容。乡风文明建设要摒弃封建陋习，营造乡村新风正气，弘扬农耕文化的优良传统，改善群众精神风貌，促进文化产业发展。

▶ 第三节　乡风与文化传承建设要点

一 传统聚落景观的保护与建设

传统聚落景观是传统乡村景观的核心，是反映区域文化景观差异的显著标志，体现着乡村结构布局、民居住宅、公共建筑、文化标志等内容。中国传统聚落景观表现出异常的丰富性和多样性。下面以徽派建筑为例，从古建筑、传统民宿及特色街巷三个层面详细介绍徽派传统聚落景观的建设要点。

1.古建筑保护与修缮

徽派建筑在安徽省主要集中分布于以黄山市为中心的皖南一带，是中国古建筑的重要分支之一，具有鲜明的地域特色。徽派建筑依山傍水

而建,以马头墙、小青瓦为特色,建筑内还融合了徽州三雕(砖雕、石雕、木雕)。由于徽州古民居数量庞大,村落分散,修缮维护资金有限,因此,目前众多古建筑尚未被列入保护单位,部分古建筑有年久失修、私自改造等情况,古建筑保护工程亟须开展。

(1)古建筑保护

保护古建筑的宗旨是应尽量保持古建筑的原有风貌,保存现状和恢复原状,以确保历史信息的原真性、价值性和完整性。实施原址保护、预防性保护、日常保养和保护修缮,重点保护体现其核心价值的外观、结构和部件等,及时加固修缮,消除安全隐患。此外,还要加强对古建筑及周边风貌的管理。保护能够体现地域特定发展阶段、反映重要历史事件、凝聚社会公众情感记忆的既有建筑,不随意拆除具有保护价值的老建筑、古民居,并且不破坏地形地貌,不砍老树,不破坏传统风貌,不随意改变或侵占河湖水系,不随意更改老地名,保护古建筑周边的原始风貌。

(2)古建筑修缮

古建筑修缮的项目施工分为准备阶段、实施阶段、验收阶段与保修阶段。

准备阶段:需要遵循"不改变文物原状"等文物保护原则,制定专项修缮方案,保护并延续古建筑的真实性与完整性。布置好施工现场,准备好需要的技术、材料、机具等。

实施阶段:按照设计文件和施工组织设计要求进行施工,做好安全、技术、材料、质量、进度、造价、资料等方面的管理工作,参考与古建筑修建相关的施工规范与标准,对古建筑进行修缮,完成预定目标。

验收阶段:参照《全国重点文物保护单位文物保护工程竣工验收管理暂行办法》《古建筑修建工程施工与质量验收规范》等要求,完成项目的验收。

保修阶段:按照合同要求及古建筑保修相关规范,对存在的问题进行整改。

2.民宿开发

民宿作为传统村落保护与更新的新业态,对于传统村落建设与保护具有重要作用。民宿开发应结合乡村的传统文化、建筑特色、自然环境和村民的生产、生活方式,将乡村闲置房屋更新改造成适合文化体验的营业住所。民宿的开发一方面适应了现代文化旅游的发展,另一方面有利于古建筑的保护和修缮,能够带动村落的有机更新和非物质文化与遗产的保护与传承。在民宿的开发过程中,需避免过度开发带来的问题。

(1)民宿区域设置

将民宿开发与村落保护相结合,通过对村落进行评估,将村落分为民宿开发区域、核心保护区域、建设控制区域、风貌协调区域。避免民宿开发对原村落产生不利影响,尊重原村落文化背景,挖掘自然与人文景观资源,打造特色鲜明、集约高效的民宿型传统村落。

(2)民宿建设

民宿的建设应遵循当地建筑风格,如徽州地区应选用徽州文化元素与乡土符号,体现徽州独特的乡土文化和视觉感受。在景观设计上,应和当地自然景观文化相融合,如利用具有乡土气息的矮墙进行空间划分,以青砖、竹等当地材料进行院落装饰,提取水口、乡土植物、特有地形等乡土元素,灵活设计空间布局,尊重传统建筑规制,同时考虑现代生活功能需求。也可对非重点保护建筑进行改造修缮,将其转变为民宿。对于结构完好或较好的建筑,对梁柱进行维护,对破损建筑构件进行更换,在确保沿袭传统建筑构造及空间布置的情况下,可以适当调整建筑内部空间。对于部分受损或全部受损的建筑,按原建筑风格进行改建或重建,尽可能保持建筑风貌的统一。

3.特色街巷保护与建设

街巷是组成传统空间格局的重要骨架,也是传统村落交织的空间纽带。特色街巷由物质环境与非物质环境构成。物质环境包括路网布局、节点、界面等空间构成要素;非物质环境包括村庄记忆、村庄文化风俗等。特色街巷作为乡村文脉传承的重要载体,需要突破相对孤立的状态,构建宏观保护体系。

(1)特色街巷保护

尊重传统空间秩序,在不破坏空间组织的情况下进行局部修缮。对重要历史场所进行保护,同时串联这些节点连成的空间序列,确保街巷重塑具有可识别性。

(2)特色街巷建设

街巷改造应考虑街巷空间的断面尺度,分析街巷空间的开敞尺度,针对不同的街巷条件制定适宜可行的空间重塑方案。在村落景观修复的过程中,尊重聚落形态和相互关系、巷道布局和尺寸、建筑形式和材料等反映村落肌理的元素和特征。

村落景观节点的设计应体现对村落民宿旅游开发的尊重和考虑,以

建筑的分隔与通过属性、与民宿有关的景观标识属性为设计依据进行街巷空间重塑,实现小尺度街巷空间、公共交通与私宅的有机互动,反映出村民之间高度信任和稳定的社会秩序。

二 景观风貌的保护与建设

乡村景观风貌是指由当地自然与人文景观作用下表现出来的地方特征,承载着深刻的自然、经济、社会和文化内涵。

1.山体景观

山体及其自然生长的植被,随地形起伏形成山体轮廓线,山体轮廓线应该予以保护,避免被破坏。针对部分山体裸露部分,可以通过山体补植树木等方式进行修复,保护山体周围环境的生物多样性,维持山体的生态平衡。修复应遵循群落稳定性原则、因地制宜原则和尊重乡土文化原则。原则上采用行内株间混交、"品"字形配置的方法,沿等高线种植,设置鱼鳞坑或者用薄膜覆盖,以利于树木的生长发育和水土保持。根据当地条件,按照乡土树种优先的原则,栽植易成活的当地树种。

2.水系景观

水系是乡村自然景观中最灵动的要素,对于水系景观的保护需要保持原有河流形态和生态系统。依托河湖自然形态,充分利用河湖周边地带,因地制宜建设亲水生态岸线,尽量减少人为改造,保护自然水道,以保持天然河岸蜿蜒柔顺的岸线特点,保持河道的形态。强调河流岸线的自然化,未硬化的护岸保持自然形态的、可渗透状态的护岸,保证河岸与河流水体之间的物质交换和水资源调节。同时,为增加亲水功能,结合现状水坝、平台、岸边等滨水空间,适当营造亲水活动场所。

3.古树名木资源

古树名木是美丽乡村中不可替代的元素,具有重要的生态、历史、文化、科学、景观和经济价值。保护古树名木的生长环境,设立保护标志,完善保护设施。还可以利用古树保护资源,加强科普宣传教育和自然教育,增强群众的环保意识,提高资源的利用率。对于长势较差的树木,邀请技术人员,在开展生长调查、土壤调查和根系调查的基础上,分析古树衰弱原因,采取有针对性的复壮养护措施。

4.田园景观

田地是乡村内种植农作物的土地,也是乡村中极为重要的景观空间类型。根据田地主要功能的差异,可将田地分为生产型和观赏型两类。

生产型田地主要以生产经济作物为目的,推荐向机械化、集约化、智慧化方向发展,增加生态科技的应用,推广环保技术,推广农业废弃物无害化循环利用技术,将种植、养殖等有机结合,发展生态循环农业。观赏型田地也具备生产功能,但它还积极引入了游乐、观赏等景观休闲活动功能,更大地发挥了田地的经济价值、文化价值和社会价值。观赏型田地景观需要地方经营管理体制与政策协同支持,开发能够吸引人的休闲农业景观,打造生态、经济、文化、社会和美学等多元一体化的乡村旅游体系。

(三) 传统农耕文化的保护与建设

农耕文化是人们在长期农业生产中形成的一种风俗文化,是传统村落"真实性"特征的重要组成部分。

1.传统手工艺

传统手工艺作为一种非物质文化遗产,是人们在生产和生活实践中智力和技术创造的结晶,体现人与人、人与自然等关系中蕴含的丰富文化内涵。

传统手工艺的发展,要处理好保护、传承与创新、衍生的内在关系,突出原汁原味,续存文化根脉,兼顾个体与集体,全面构建传承体系;要扎根于当代生活,重塑传统工艺活力;要积极探索跨界融合的多元发展路径。保护好工艺基因,如传统工艺中的技艺、材料、工具、样式等,保护好传统手工艺的"本真性"和"经典性",具体包括记录整理、建档存录、充分利用技术手段进行数字化信息处理、数据建模等,尽可能留下发掘、整理、修复和发展的线索和资料。

把保护传统工艺与修复工艺文化生态结合起来,让传统工艺回归民间生活,深入把握其生成的文化原因和社会机制,进一步还原和培育传统节日里丰富的民俗、民艺内容,展示一些传统手工艺物品。

2.农耕风俗习惯

农耕风俗习惯是当地居民在适应自然环境的过程中通过探索而逐渐形成的典型文化景观。农耕风俗习惯具有地域性,如具有代表性的皖南梯田、皖江圩田、皖北旱作等,都是农耕风俗习惯的体现。不同的农耕生产方式有不同的风俗习惯,对农耕风俗习惯进行调查、甄别,筛选出保护意义大、留存价值高的重点资源,将其列为保护对象,为进一步保护传承明确方向和重点。保留传统习俗和农耕文化节日活动,延续并更新具有特色的农耕文化,更好地发挥田园文化景观遗产在现代乡村发展建设

中的作用。

3.农耕设施的展示

农耕设施是乡村发展过程中不断积累下来的宝贵文化遗产,保留了乡愁记忆,有利于农耕文化的传承。通过建立农耕文化展览馆、展览室等直观地展示农耕文化,收集、保护、展览传统生产农具和生活用具,如石磨、石缸、石臼、犁铧、背夹、风车、水车、纺车等,配以相关的图片和文字,用来讲述和展示历史悠久的农耕文明历程。策划多种农事体验活动,让大家通过实际操作,增加对农耕文化的参与感和体验感。

(四) 乡风文明建设

1.破除封建陋习

依靠群众制定和完善村规民约,遏制天价彩礼、薄养厚葬、不忠不孝、聚众赌博、酗酒闹事等陈规陋习,引导农民树立新风、崇德向善。引导各村成立道德评议会、红白理事会、禁毒禁赌会等群众自治组织,发挥好乡贤、家族长老等德高望重人士的积极作用,对村规民约执行情况进行检查并采取必要约束手段,推动乡村社会风气的好转。

2.培育文明乡风

将文明乡风的培养作为美丽乡村规划发展的重要内容,符合乡村生态文化规划的具体要求。为了教育和引导村民形成良好的文明素养,应构建和谐文明的乡村生态文化体系,其中包括建设相关的生态文化活动中心、文化墙和文化橱窗,用于展示和宣传文化知识、文明礼仪和先进典型。重视良好家风培育建设,通过文明评比、创建典型等方式,培育文明乡风、良好家风和淳朴民风,实现乡村风气、文化道德、人居环境等方面的协调发展。

3.宣扬节日活动

我国传统节日多起源于农耕时代,传统节日自身是一个相互关联、充满生机的生命机体,增强村民对节日活动的认同感,鼓励村民成为节庆文化的传承人。深入开展节日主题活动,丰富春节、元宵、清明、端午、七夕、中秋、重阳等传统节日的农耕文化内涵,传承传统节日习俗,发展新的节日习俗。加强对传统历法,特别是"二十四节气"的记忆传承,充分展现"二十四节气"在种植、饮食、康养、医疗等方面的活态利用,使其有益的文化价值进一步融入百姓生活。

4. 推广文化活动

从乡村生产生活方式、乡村景观入手,了解乡村文化的基本构成,吃透乡村背后隐藏的历史,选择独特的文化属性,进行本土文化的重塑,如举办民俗文化节、农耕体验活动、农夫集市等。创新推动乡村文化产业发展,推进农旅等产业的深度融合,赋予农旅商品以具体的农业文化内涵。

第十章 美丽乡村规划建设的保障

▶ 第一节 组织保障

一 加强组织建设,落实主体责任

落实美丽乡村建设,需要加强乡村基层党组织建设,把基层党组织阵地建设作为"固本强基"的重要抓手,认真落实"党要管党"。充分发挥基层党组织的战斗堡垒作用及党员先锋模范作用,为民办实事、办好事,在提高为民服务的水平上下功夫,加强基层党组织对乡村振兴、全面建设美丽乡村的领导,不断提升完善各项服务工作的组织能力,不断改善人居环境,不断落实民生实事,不断提升村民生活质量,真正使群众拥有获得感、幸福感、安全感。确保土地承包管理、集体资产管理、农民负担管理、公益事业建设和村务公开、民主选举等制度得到有效落实。

二 建立工作机制,强化工作措施

为确保美丽乡村建设的顺利进行,应确立健全的规划管理体系。应成立专门的美丽乡村规划管理部门或机构,负责协调规划建设工作,并与相关部门进行联动合作,形成规划实施的合力。根据美丽乡村建设的总体要求,结合地方特色和现实需求,制定详细、明确、可行的建设方案,明确产业发展、村庄整治、基础设施、文化建设等方面的具体目标和措施。同时,还要加强规划的质量保证,对规划管理人员和专业人员进行培训,增加其知识,提升其管理能力。此外,应对从事美丽乡村建设相关工作的农村干部加强专业技术教育,以提高他们的能力水平。

（三）加强队伍建设，调动群众参与

美丽乡村建设是美丽中国建设的一项重要内容，美丽乡村建设的推进有利于增强对农村的认同感、对农村的亲切感、对农民的亲近感，可将其作为推进农村干部队伍建设的一项重要工作，引导广大管理人员一心为农、一切为农，努力成为现代农业的推动者、乡村振兴的实践者、农民增收的助推者。增强党员干部的创新意识，拓展其创造性思维，党员干部带领群众，不断提高农村设施水平，不断提高农业产业化能力，探索现代农业发展与农村环境和谐发展的新模式，造就一支能够支撑美丽乡村建设的科技开发和技术服务队伍，努力为农业供给侧结构性改革、农业农村现代化发展和美丽生态乡村建设贡献力量。

▶ 第二节　政策保障

一）合理调控土地，保障用地需求

首先，需要确定土地利用总体规划，明确土地的功能定位和合理利用程度，避免过度开发和过度利用，以保护农田和生态环境。其次，需要建立健全的土地承包经营制度，保障农民对土地的合理使用权和经营权，增加农民参与农村规划建设的积极性和创造性。同时，还要加强对土地的管理和监管，制定土地利用政策和法规，严格执行土地用途管制，防止乱占乱用、闲置和破坏耕地等现象发生。此外，还应加强对土地资源的保护和整治工作，优先保护和利用好农村优质土地资源，保障农田的连片和完整性，提高耕地质量，增加耕地产能。

二）优化产业布局，确保项目落地

优化产业布局的目的在于促进农村产业结构的合理调整和升级，提升农村经济的发展潜力和竞争力。在实施过程中，可以通过调查研究、市场需求分析、资源禀赋评估等方法，确定每个乡村的优势产业，并开展相应的项目建设。同时，还需要合理配置土地资源，提供充足的土地供给以满足产业转型和升级的需要。此外，还应加强产业发展的政策引导，提供财政资金、税收优惠等支持措施，吸引各类市场主体进入农村投

资兴业,提高项目的投资回报率。以上措施有助于实现农村产业的优化布局,促进项目的顺利落地,为美丽乡村规划建设提供坚实的保障。

三 实行惠农政策,加大扶持力度

自乡村振兴战略全面实施以来,国家积极开展强农惠农政策,发挥政策引导作用,不断加强农业支持保护力度,多元投入格局加速形成,更多的资源要素在农村聚集,为农业农村现代化发展提供了强有力的保障。将先进技术、现代装备、管理理念等引入农业,将基础设施和基本公共服务向农村延伸,可提高农业生产效率、改善乡村面貌、提升农民生活品质,还可促进农业全面升级、农村全面进步、农民全面发展。

▶ 第三节 资金保障

一 争取财政投入,保障重点民生领域

加大对美丽乡村规划建设的财政投入力度,确保足够的资金用于基础设施、环境保护和公共服务设施的建设;制定相关政策,优先保障财政投入在教育、卫生、社会保障等重点民生领域的使用,确保农村居民可以享受到优质的教育、医疗和社会保障服务;加强对财政投入的监管和评估,确保资金使用情况合规合理,并且能够达到预期的效果,从而最大限度地提升农村居民的生活质量。

二 搭建投融资平台,提高资源利用效率

为保障美丽乡村规划建设,应搭建投融资平台,提高资源利用效率,政府和社会应共同投入资金。政府可以通过增加财政投入、设立专项基金等方式提供资金支持,为搭建投融资平台提供必要的财政保障。社会方面可以通过企业捐赠、社会组织筹资等方式,积极参与美丽乡村规划建设,为其投入资金。

为了提高资源利用效率,可以引入公益性贷款等金融手段。设立公益性贷款机构,为美丽乡村规划建设项目提供低息甚至零息贷款,减少资金成本,增加项目的可行性。公益性贷款机构可以通过对项目进行严格审核,保障资金的合理使用,确保实现投资的社会效益。

投融资平台可以整合乡村建设所需的各类资源,比如土地、能源、人力等,提高资源配置的效率和精度。通过资源整合,可以实现资源的合理配置和协同利用,避免资源的浪费。此外,投融资平台还有利于鼓励创新和技术进步,推动乡村规划建设向绿色、可持续的方向发展。通过引入创新型企业和科技项目增加乡村建设的科技含量和环境友好性,进一步提高资源利用效率。

三 鼓励民间资本介入,补充市场发展不足之处

民间资本的介入不仅能够为美丽乡村规划项目提供额外的资金投入,还能够促进其实施和推进。此外,民间资本的介入还会带来丰富的创新思路和管理经验,从而推动乡村经济的多元发展。通过引入市场机制,民间资本的介入有利于建立健全投融资体系,为美丽乡村规划建设提供持续的资金支持。补充市场发展的不足之处,能够促进资源的优化配置,让农村产业结构更加合理,进一步激发农村经济的活力。

▶ 第四节　技术保障

一 强化校地合作,提升生产技术水平

美丽乡村建设是从乡村产业经济、乡村生态环境、乡村文化振兴等方面统筹展开的全方位乡村建设。实施美丽乡村建设,人才必须走在建设的前沿。邀请农业专家开展科技服务,向村民讲授种植、养殖、深加工等最新技术,能够促进农业科技服务社会体系建设,带动村民调整产业结构,为其实现增产增收。高等院校作为提供人才的重要机构,可为乡村振兴和美丽乡村建设培养全方位健康发展的专业人才,为美丽乡村建设发展提供人才支持。

二 推广机械化技术,加快提质提效

美丽乡村规划建设要实现提质提效,必须加快推广机械化技术。首先,机械化技术的应用可以大幅度提高农业生产的效率,增加农业生产的产量。传统的人力耕作方式无法满足现代农业的需要,而引入机械化技术可以减轻农民的体力劳动负担,提高生产效率,进而增加农产品的

产量。其次,机械化技术有助于提高农产品的质量,增加农产品的品种。应用现代化的农业机械设备,可以实现种植技术、施肥技术和农药喷洒等操作的精确化和标准化,从而提高农产品的品质和市场竞争力。此外,机械化技术的推广还能够促进农村劳动力的转移和就业,提高农民的收入水平,为美丽乡村的可持续发展提供稳定的经济基础。

（三） 发展数字乡村,提高现代化建设水平

发展数字乡村是保障美丽乡村规划建设中的重要内容之一,旨在提高乡村地区现代化建设的水平。为实现这一目标,首先需要加强信息技术在乡村地区的普及和应用,提高农民对数字技术的认知和使用能力。数字技术的应用,可以实现农田水利、农业机械、农产品供应链等领域的信息化和智能化,促进智慧农业的发展。智慧农业不仅可以提高农业生产的效率和质量,还可以降低农业生产对自然资源的消耗和对环境的不良影响,实现农业的可持续发展。此外,发展数字乡村还可以促进乡村电商的发展,为农民提供更广阔的市场和更多的就业机会。

▶ 第五节 人才保障

（一） 培育新型农民,构建培养体系

培育新型农民的关键在于构建一套完善的培养体系。首先,需要从本地人才的培养角度出发。通过开展培训班、创业指导等方式,引导本地农民了解美丽乡村建设的理念和要求,提高他们对乡村建设的重视度和参与度。其次,要重点培养生产型、管理型和技术型的新型农民。生产型新型农民需具备农业生产、技术操作等领域的相关能力,以保障农业经营的高效率和高质量。管理型新型农民应具备农村经营管理、市场推广等方面的知识和经验,能够有效组织和管理农业产业链各环节的运作。技术型新型农民要具备先进的农业技术应用能力,能够推动农业技术进步,提高农业生产水平和产业竞争力。通过建立培养体系,逐步培养出一批具备不同能力的新型农民,为美丽乡村建设提供有力的人力支持。

二 加大人才引进，吸收优秀人才

　　为保障美丽乡村规划建设的顺利推进，人才引进是至关重要的一步。在人才引进方面，吸收来自外地的优秀人才具有重要意义。首先，外地人才往往具备不同的地域经验和文化背景，能够为美丽乡村规划注入新的思想和创新理念。他们的参与将带来解决问题的新视角和新方法，推动乡村规划建设迈向更高水平。其次，人才常常具备较为深厚的专业技术知识和扎实的技能，特别是技术型人才，具备乡村规划建设所需的专业素养。他们可以在规划管控、农业发展、环境保护等方面提供宝贵的技术支持，提升乡村规划建设的科学性和可行性。此外，吸引外地人才还有利于带动当地经济的发展，为当地居民提供更多的就业机会和创业空间，推动乡村振兴目标的实现。因此，加大外地人才的引入对于美丽乡村规划建设具有重要意义，尤其是技术型人才的引入，能够为美丽乡村建设带来新的思路和技术支持。

三 健全培养体系，促进持续发展

　　健全培养体系，促进美丽乡村规划建设的持续发展，需要在人才政策角度下进行思考和实践。首先，要制定和完善相关人才政策，包括建立专门的人才培养计划、设立奖学金或津贴等激励机制，以吸引更多的人才投身于美丽乡村规划建设事业。其次，要加强教育培训体系建设，提高从业人员的专业素质和技能水平。可以通过合作办学、开展实践教学、推行技能培训等途径来实现。此外，还应当鼓励和支持相关学科的研究，并将其与实践相结合，促进理论创新和实践经验的传承。随着美丽乡村规划建设的不断推进，将逐步形成一支具备智慧和经验的专业人才队伍，要充分利用专业人才队伍，例如设立智库机构或专家顾问团队，为村民提供决策咨询和专业指导，为乡村规划建设的持续发展提供智力支持。总之，只有完善相关政策、加强教育培训、推动学科研究和充分利用专业人才的力量，才能促进美丽乡村规划建设的持续发展。

第十一章 美丽乡村规划案例

▶ 第一节 固镇县城关镇河东中心村美丽乡村规划

一 现状概况

1. 项目背景

随着乡村振兴战略升级为国家战略,中央和地方致力于抓好"三农"重点工作,加快推进村庄规划,将乡村人居环境整治作为村庄规划建设重点。安徽省致力于乡村振兴和美丽乡村建设,突出对基础设施、公共服务设施、人居环境、建筑面貌的整治和改造。安徽省蚌埠市固镇县城关镇河东中心村是城关村镇体系的主体之一,是未来城镇人口的主要聚居地,对其进行美丽乡村建设,不仅有利于提高乡村居民生产生活水平,而且能够提升生态保育和环境保护水平。

2. 区位分析

河东中心村位于安徽省蚌埠市固镇县东北部城关镇。城关镇总面积131.47 km²,辖3个街道办事处,16个居委会,18个行政村,乡镇人口接近12万,其中非农人口6.2万,铁路、公路、水路相互交织,交通区位优势十分明显。城关镇不仅是全县的地缘中心,也是全县的政治、经济、文化中心。

3. 村庄范围

河东中心村依据村庄土地利用规划,现状水系走势和村庄发展肌理明确规划范围,总规划面积约39.02 ha,具体如图11−1和图11−2所示。

图11-1　河东中心村范围

图11-2　鸟瞰河东中心村现状

二　现状分析

1.土地利用现状

　　本次规划河东中心村用地面积为39.02 ha,村域主要用地类型为农林用地和村庄建设用地。如图11-3所示,其中,农林用地约为18.53 ha,占总用地的47.49%；建设用地占地面积约为14.53 ha,占总用地的37.2%。建设用地的主要构成为农民住房用地和村庄基础设施用地,分别占现状总建设用地的78.75%和12.52%,其余则为生产公共服务用地。河东村以传统农业种植为主,传统农作物主要为小麦、玉米；养殖的主要产物为鸡、鱼、牛、羊等。依据现状调研分析,河东村农民主要收入来源为粮食种植及外来务工收入。

图例
农民住房用地
公共服务设施用地
基础设施用地
水域
农林用地

图11-3　河东中心村用地现状图

2.村域村庄与人口规模现状

根据现状调研统计,河东村村域总人口为2 692,下辖6个村庄,分别为大陈、小陈、小刘、前洪、后洪、朱庄。村域规划期末总人口为3 267(须考虑因集镇建设对村域人口的吸引,实际村域人口将大幅减少),河东村规划期末人口为3 000。

3.村域交通现状分析

村域内外交通便利,如图11-4所示。村庄西北及西南侧毗邻201省道和101省道,南通蚌埠,北接灵璧。村域内,主路宽约5 m,道路材质为水泥,村域内其他道路为村村通道路,路宽3—4 m,主要连接各个村庄道路,道路材质以水泥为主,如图11-5所示。

图11-4　河东中心村道路分析图

图11-5　河东中心村道路现状

4.建筑现状分析

如图11-6所示,村庄内部建筑以一层住宅建筑为主,部分为二层建筑,辅助用房多为一层砖结构,屋顶形式以坡屋顶为主。建筑性质以居住建筑为主,此外还有少量的公共设施建筑。在村域范围内,近期建设的建筑质量较好,质量一般的建筑占大多数,质量较差的基本为无人居住的一层建筑。

图11-6　河东中心村建筑现状

5.基础设施分析

河东中心村基础设施分布较集中,已配置公共服务中心、图书室、卫生室、文化活动室等公共服务设施及水电、通信、环卫等基础设施。相关设施已基本完善,但仍需提升,主要应体现在灌溉、机耕路等领域。作为一个长期工程,乡村公共基础设施建设要强化规划引领、投入保障和需求导向。要根据乡村的实际情况,因地制宜,做好村庄规划,统筹好道路、电力、网络、供水、人居环境整治等各项建设。

三 规划总则

1.规划原则

（1）以人为本,公众参与

在制定过程中,要坚持以人为中心,充分尊重村民的权利,保障村民的知情权、参与权、表达权、监督权。在规划编制中,要多角度、全方位地听取村民的意见和建议,在规划批准前,要经过中心村村民大会或村民代表会议的同意;在规划批准后,要张贴在公众面前并积极宣传。

（2）城乡统筹,注重协调

根据"体现科学发展,突出特色优势,实现无缝对接,强化空间管控"

的原则,中心村的村庄规划要与国民经济和社会发展规划、城乡规划及土地利用规划等上位规划及其他相关专项规划进行衔接。中心村的村庄规划要与农村环境改善工程、农村危旧房改造、农村公路建设、农村饮水安全建设相结合。农村人口和用地规模、功能布局和发展方向的确定要合理,要正确安排各种设施,避免重复建设和资源浪费。

(3)生态优先,宜居和谐

要以生态优先、可持续发展为中心,重点抓好村庄河道综合治理和污水处理设施的建设。大力推进生态绿化,积极推进路旁、水系、农田林网、农村绿化,着力改善生态环境,打造和谐宜居的乡村。

(4)因地制宜,节约用地

要合理利用土地,节约用地,各种建设要相对集中,合理确定保护、保留、整治、新建的范围,不得大拆大建。对现有用地进行合理开发,新建、扩建工程,居民居住用地的开发,要做到不占用耕地、林地。

(5)传承文化,体现特色

要立足于地方的经济、社会发展、乡村的实际情况,注重对自然与历史文化的保护与利用,要尊重乡村的肌理,将乡村环境、田园风光与乡村生活结合起来,体现地域特色。

2.规划定位

发展定位:以乡村人文景观、民风民俗等传统乡村文化为基础,大力保护、传承和开发利用乡村文化资源,以优质粮食为基础,大力发展果蔬种植,结合合作经济,打造特色文化休闲旅游基地。

功能定位:宜居型美丽乡村。

3.发展策略

在美丽乡村建设中,要坚持问题导向,根据问题进行规划,简洁、明确地制定有针对性的治理对策。

(1)针对当前产业发展落后、特色产业缺失等问题,提出产业升级转型策略,利用自身优势,优先发展现代生态农业和高标准农业业态。

(2)完善配套设施。对村庄的给排水、电力、电信等基础设施进一步完善,同时注意改善村庄的亮化工程,设置村民集中活动场所。根据乡村的实际情况,因地制宜做好村庄规划,统筹道路、电力、网络、供水、人居环境整治等各项建设。

(3)推进水系整治。对村庄内部受污染的水系进行垃圾打捞,同时注重水系周边净化水体的植物配置,对水系驳岸重新设计。

(4)整治村庄风貌,美化村庄环境。对现有垃圾进行统一清扫,同时完善垃圾收集机制,增强村民环保意识。美丽乡村建设,要考虑当地的历史文化、生态、风俗习惯、景观小品、建筑形式等因素,把乡土文化和乡土建筑有机结合起来,形成富有地域特色的乡村景观。

四 空间布局

1.规划思路

根据河东行政村的资源特点,依托良好的生态基础,以整治提升为手段,以产业多方面发展和生态宜居为重点,把河东中心村打造成"固镇县城关镇生态宜居村庄",如图11-7和图11-8所示。

建设模式:充分尊重现状,以改善人居环境、提升服务水平为主,根据村庄发展需求,适度拓展、扩建。

产业类型:结合村庄实际,宜发展优质粮食种植和果蔬等经济种植。

发展目标:以乡村人居环境改造建设为契机,依托良好的环境基础,推进高标准、高要求建设,将中心村建成固镇县城关镇农村人居环境改造建设示范村。

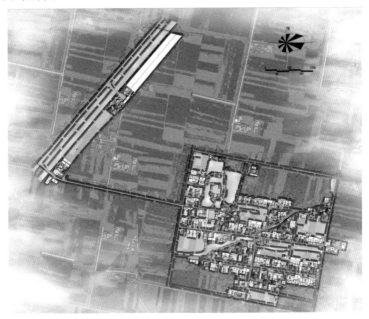

图11-7　河东中心村美丽乡村规划方案平面图

图11-8　河东中心村美丽乡村规划方案鸟瞰图

2.空间结构和土地利用布局

空间结构布局:结合村域现状及未来发展趋势,将河东中心村打造为村域产业综合服务中心的核心。将村庄现有设施作为该区域主要服务中心及未来乡村旅游的基站,全面改进公共服务设施及基础设施,改善人居环境,发挥村域服务核心作用,争创"一村一品"示范村。

土地利用布局:基本延续原有乡村空间布局,保持水域和农林用地占比和形态基本不变。从规划用地构成上增加村庄公共服务用地及基础设施用地,主要用于公共场地(村庄健身活动广场、公厕及新建卫生室)及道路硬化。

五　产业发展规划

构建以市场为导向、企业为主体、产学研相结合的现代农业产业体系,引入农业产业化龙头企业,建设休闲旅游度假区,发展生态农业,推动农产品产销衔接。

盘活土地资源,推动产业转型,鼓励农业产业化龙头企业对农产品进行精深加工,延长产业链,增加产品附加值。

促进休闲农业体验、生态旅游等符合大众需求的乡村型农业旅游产业的发展;规划商业、服务业等产业用地,通过集体建设用地流转增加农民财政性收入。

六 文化景观规划

1.入口文化景观

保留现有入口标识,对入口地块进行景观提升,并对水系护坡进行绿化,入口桥进行护栏替换以保证出行安全,对入口建筑进行整治,以保证整体风格统一,如图11-9所示。

图11-9 入口景观平面及效果图

2.文化广场

广场面积约720 m²。以汉文化为主题,打造休闲娱乐文化广场。文化广场不仅是村民的基本休闲娱乐场所,也是满足人们精神追求、激发乡村社会发展活力的重要载体。如图11-10所示,汉文化广场主题景观设计的打造将村庄文化与群众生活紧密联系在一起。应结合实际,对整

图11-10 文化广场平面及效果

图11-10 文化广场平面及效果(续)

个广场的空间环境进行整体改造提升,形成一个集思想教育、休闲健身、文化传承、党建科普、形象展示、陶冶情操于一体的现代生活服务共享平台。文化广场犹如绽放在广阔田野上的绚丽花朵,利于民风民俗、风土人情无声地陶冶人们的情操。

七 基础设施规划

1.道路交通规划

村庄路网规划是指在尊重原有道路肌理的基础上,以村庄规划布局为依据,以最简道路为原则,进行村庄路网系统布局,如图11-11所示。村庄干道和巷道之间有着密切的联系,整个路网体系要能充分满足交

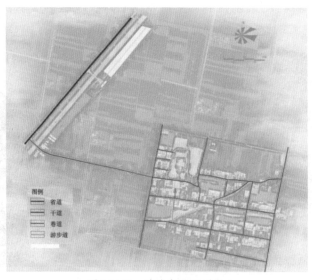

图11-11 道路交通规划图

通、消防功能需求,并能够很好地适应自然环境。

(1)入村道路:路面宽5 m,提升改造为沥青路面。

(2)村庄干道:连接村庄内部各组团道路,宽度4 m,路面材质为水泥混凝土。

(3)村庄巷道:路面宽3.5—4 m,串联入户道路及干道,路面材质为水泥混凝土。

(4)入户道路:实现入户道路硬化全覆盖。

2.竖向工程规划

根据村庄地形地貌,基本保持道路现状标高。首先确定村庄内部各条道路的竖向标高数据,以此为依据,因内部建设较少,基本保持原貌标高。根据竖向规划,对场地进行排水分区规划。

户外场地以半填半挖为主,尽量利用自然放坡来消化高差,尽可能原地维持土方平衡,减少土方运输成本。道路旁公共场地尽量与道路标高一致或略高于道路。规划内部水系清淤回填,以保持土方平衡。

3.给水工程规划

给水工程规划如图11-12所示。

图例
▭ 给水主管网
▭ 给水次管网

图 11-12 给水工程规划图

(1)水源选择:固镇县自来水厂。

(2)水质要求:符合国家《农村饮水安全评价准则》饮用水卫生标准。

(3)给水管径:沿省道及村庄部分主干道布设供水管网,水管管径为

DN150 mm。沿村庄内部支路铺设给水次干管,给水管径为DN65 mm,管材选用钢塑复合管,管顶最小覆盖层厚度不低于0.7 m,穿越道路、农田或沿道路铺设时,管顶覆盖层的厚度不低于1.0 m。入户管管材应选用PP-R管。应结合村庄内部主要公共建筑布置室外消防设施,其他区域则采用就近水源地作为消防水源。

4. 雨水工程规划

(1)污水处理系统:采用雨污分流体制。

(2)雨水排放:规划时要考虑充分利用地面径流、沟渠排放,主干道铺设雨水管网,采用300 mm波纹管;巷道及入户道路雨水就近排入河流等自然水体。充分利用地形,使雨水就近排入村内池塘等水体。道路建设中,要注意排水口的修建,在地势较低的地段,增加雨水口的密度,减小雨水口的间距,以便于收集。

5. 污水工程规划

利用每家每户三格式化粪池初步处理,经管道收集及污水处理设施集中处理达标后,再排入附近水域。根据地形现状,采用分散处理模式;从"小三格"到"大三格",然后排到生态池净化沉淀,最后排入水系或耕地。村庄污水规划根据现有排污需求设计,生活污水经化粪池处理后方可流入污水干管;村委会食堂等含油污废水必须经过隔油池的处理,方可流入污水管,如图11-13所示。

图11-13 污水工程规划图

6.通信工程规划

（1）线路接入：规划电话线、广播线、有线电视、宽带网络的接入，由城关镇接入，并于入口处接入交接箱。线路沿村庄内部道路的路西或路北设置，如图11-14所示。

图例
▤▤▤ 电信主杆网
--- 电信次杆网

图11-14 通信工程规划图

（2）通信：电信普及率为100%。

（3）广播电视：要求有线电视、网络通村入户。

（4）走线形式：架空线路，建议强弱电可同杆架设，尽量减少交叉、跨越，避免对弱电的干扰（条件允许情况下可入地敷设）。

（5）监控设备：在村庄主要道路交口及村庄主要公共区域处设置监控设备。

7.照明工程规划

（1）夜景照明系统：沿主干道间隔50 m，以及活动广场、休闲游园周围安装高杆式节能路灯，健身广场、游步道、休闲景观节点处安装景观园灯。

（2）太阳能路灯：沿村庄内部主干道高杆路灯均为单边布置，规划路灯均为太阳能路灯，规划合计设置80处（大舞台处设置一处高杆灯）。

（3）景观园灯：结合村庄内部景观节点处设置景观园灯，规划共计设置26处。照明工程规划如图11-15所示。

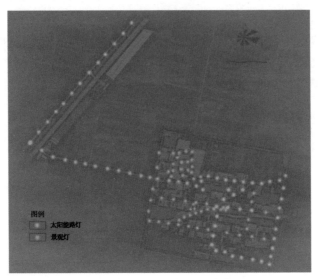

图11-15　照明工程规划图

8.综合防灾工程规划

(1)消防工程规划:结合村庄给水管网,供水管道的最小直径不得小于100 mm,户外消防栓的间距不得超过120 m,广场等公共场所必须设置消防器材。

(2)抗震工程规划:总体设防目标按6度级别进行抗震设防。避震疏散按就近、安全、方便的疏散原则,疏散半径为0.3—0.5 km。避震场所以广场、公园、操场为主,其有效面积之和应大于人均疏散占地面积1 m²。

(3)防灾工程规划:按照二十年一遇以上标准,安排各类防洪措施。合理布置雨水管渠系统,尽量分散雨水出口。在汛期到来之前及时清通管道,保证管道的过水能力。

八 生态环境规划

1.环卫工程规划

如图11-16所示,环卫工程应考虑垃圾处理、公厕及道路保洁。

(1)垃圾处理:结合"户分类—保洁员收集—公司转运—县处理"模式,村庄内部设置垃圾桶,按70 m的服务半径及实际需要设置,共需设置33个垃圾桶。

(2)公厕规划:结合村委会及文化大舞台,设置1处公厕。结合健身广场设置1处公厕。共计2处公厕。

图例
主要清扫道路
次要清扫道路
垃圾桶
公厕

图 11-16　环卫工程规划图

（3）道路保洁：村庄应完善环卫保洁制度，定期负责道路清扫、绿化养护、村容村貌维护工作。村庄保洁工作建议整体承包给专业清洁公司，根据实际需要配置环卫工 2 人，由环卫工对村庄内部主要道路进行定时清扫，实现垃圾的日产日清。保证村庄无暴露和积存生活垃圾及垃圾就地焚烧现象。规划推行卫生化的填埋、焚烧、堆肥、沼气处理和垃圾发电等方式。

2.居住环境整治规划

规划村庄进行房前屋后的环境改造，充分利用房屋间隙，以小尺度的绿化景观为主，树种选择要以乡土乔木树种为主、灌木为辅，倡导自然式种植，见缝插绿，不留裸土，改善村民的生活环境品质。绿化种植结合空地形状自由布置，不宜规整、呆板。确保电力、通信线路的架设安全，无违章交越、无搭设；有序堆放杂物，实现村内无乱堆乱放现象。对村庄内部的菜园、庭院整治提升，打造农村特色的乡土景观。营造"家家有微田，户户是庄园"的特色微景观。充分利用宅前屋后菜地、空地，采用篱笆围合，因地制宜发展小果园、小花园、小菜园等，利用庭院、屋前、阳台、墙角，栽花、栽菜，在全中心村范围内实现庭院绿化、美化（图 11-17）。

3.水环境整治规划

保留村庄中现有河、沟、渠、溪、塘等水体，推广生态河塘、生态渠道，以房前屋后河塘沟渠为重点，进行截污、治污，实施清淤疏浚，逐步消除黑臭水体，实现水体无积存垃圾、无白色污染、水面无明显漂浮物，如图11-18所示。

图11-17　房前屋后改造效果图

图11-18　河、沟、渠、塘疏浚清淤改造效果图

对村庄内水系采用清淤和贯通梳理方式进行整治提升；打造主要景观轴线。水系贯通；窄的地方拓宽至8 m左右；沿水系打造游步道；沿水系打造绿化地带，在合适的位置布置亭廊休憩点。同时对村庄内部沟塘进行清淤处理，总计面积约为6 000 m²。

4. 绿化植物整治规划

如图11-19所示，中心村选用不需长期管理、能自由生长的乡土树种，营造出原生态田园风光。利用村庄的生态优势，在水边、路旁、房前屋后等地种植以当地树种为主的乔灌丛，利用各种空间，见缝插绿，提高村庄的绿化覆盖率。村庄主干道、次干道、公共活动场地、水系等区域形成绿道体系。在保证生态多样性的前提下，尽量避免绿化品种单一、选用乡土适生树种，形成季相分明、乡土自然的绿化景观。

村旁绿化可种植枣树、柿子树、梨树等既适于观赏又能增收的树木，也可种植栾树、朴树、女贞等林木或农田经济作物,如油菜花等,形成乡村自然景观。

图11-19　村庄绿化效果图

道路两旁可供选择的树种有高杆女贞、梧桐等,分隔带使用灌木有紫薇、木槿等;下层种植大叶黄杨、红叶石楠等;道路狭窄或道路与建筑物之间的间距小的,宜采用乔、灌二层绿化。

宅边绿化要充分利用闲置土地和不适宜建设的区域,做到"见缝插绿"。利用宅旁空地,布置菜园、经济果林等。边角地带可以种植一些较易成活且抗逆性较强的植物,如红叶石楠、红叶李、红枫等,沿路山墙面可通过文化墙、爬藤植物进行绿化。

水边绿化应尽可能地保持水塘、沟渠原有形态,并对河道进行必要的整治、疏浚,以提高水质。河道驳岸应遵循河道的自然走向,保持其天然的线形;采取生态景观护岸的方式。水旁绿化应考虑自然生态,体现乡土特色,水旁植物应有较强耐水性。可用乔木有水杉、垂柳、重阳木等;灌木有红叶李、紫薇等。

九 乡风与文化规划

乡风与文化规划是美丽乡村建设的重要内容,是挖掘乡村历史、整合乡村资源、塑造乡村文明、展示乡村特色的重要手段,有利于构建独特的乡村发展模式。河东中心村的乡风与文化规划应结合该村民俗文化基础,挖掘文化价值,构建文化展示序列,塑造优秀的乡风形象。

1.农家书屋建设

根据现有条件,农家书屋应与便民中心图书室相结合,服务村内每家每户及养老设施,定期组织多种读书会或阅览会,书屋除提供图书、报刊和电子音像产品阅读以外,还设置电脑室,方便村民查询各类资料,如图11-20所示。

图11-20　农家书屋建设示意图

2.文化下乡活动

河东村内的主要活动场所为健身广场、篮球场和文化大舞台,这些场所可在政府的指导下,定期组织文化下乡活动,开展群众性文化教育、歌舞表演、诗歌朗诵、科普活动等。另外,可组织医务下乡,培训村内卫生人员,参与和推动当地合作医疗事业的发展。

3.民俗文化建设

每逢佳节可举行民俗表演,鼓励村民自发组织各类活动,也可组织各类友谊比赛,例如书法、棋牌等比赛,这既能吸引外来游客,又能推进村庄的整体发展。

4.评选宣传活动

大力倡导"文明家庭""文明户""好儿女""好婆媳""好夫妻"等评选活动。开展道德评选活动,创建"身边好人排行榜"。

5.田园文化营造

乡村绿色田园景观是与人与自然和谐相生的特殊美景,"水、林、村、田"构成了河东村的村落格局。在村庄内部完善道路绿化、滨河绿化、公园节点绿化,形成点、线、面全覆盖的绿色美丽乡村。充分挖掘河东村绿色田园文化,将传统农业进行转型,着力打造以"休闲田园游"为主题的农业休闲观光旅游产业,让美丽乡村建设与休闲农业发展"比翼齐飞"。围绕田园做活旅游,吸引消费者前来体验田园氛围,参与田园生活,享受田园风情,感受田园文化,接受田园教育。

6.民俗文化展示

依据河东村的民俗习惯,对其书法、戏曲等民俗文化进行整合延伸。选取人流集中的道路为主要展示平台,打造民俗文化街,通过雕塑、3D文化墙、剪影墙等,展现琴棋书画、诗书礼乐等民俗文化,让人流集中的道路成为村庄内部文化展示的核心地带。

▶ 第二节　凤阳县府城镇大通桥中心村美丽乡村规划

一 现状概况

1.项目背景

新时期,国家积极推动乡村建设发展,明确提出做好战略部署,建设美丽乡村的任务,为乡村建设的发展指明了方向;安徽省政府紧跟国家部署,深入推进美丽乡村建设,一体化推进农村垃圾、污水、厕所专项整治"三大革命",旨在全面改善乡村人居环境,打造绿色江淮美好家园。凤阳县府城镇大通桥中心村积极响应国家政策,开展美丽乡村规划建设。大通桥中心村拥有悠久的历史文化,人口较多,基础设施有待完善,开展凤阳县府城镇大通桥中心村美丽乡村规划建设,不仅能够改善当地村民的人居环境,带动乡村经济发展,还可以使其成为美丽乡村建设新面貌的展示窗口。

2.区位分析

大通桥村位于安徽省滁州市凤阳县府城镇东南侧,毗邻凤阳县城,距离城区约5 km,如图11-21所示。大通桥村村域范围内有省道101与宁洛高速穿越,并且设有高速下道口,可以很便捷地与周边区域相联系,具有良好的区位交通条件。

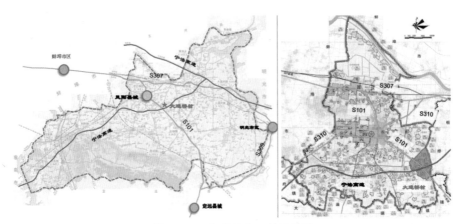

图11-21　大通桥中心村区位图

二 现状分析

1.自然环境条件

凤阳县位于安徽省东北部,淮河中游南岸,气候呈北亚热带向南温带过渡的特征,气候温和,四季分明,光照充足,水热同季,干冷同期,无霜期较长,适宜发展农林业。

如图11-22所示,大通桥村内部生态环境优良,动植物资源较丰富,地势平坦。村域范围内有沟渠穿越而过,具有一定的水资源基础。大块农田分布于乡村外围。农田土壤条件优良,主要种植水稻、玉米、小麦、板栗等农作物。村域范围内大面积林地、水塘与乡村相互映衬。整个村域水绿相依,具有优良的生态基础,为发展农林产业提供了有利的条件。

图11-22　大通桥中心村自然环境现状

2.基础设施现状

大通桥中心村目前缺少必要的公共活动场所,公共设施不完善,无法满足乡村现有村民的基本需要。例如,卫生室等设施规模偏小,环境卫生条件须改善,文体休闲设施须丰富;村内主干道及支路都有不同程度的老化,存在道路过窄、坑洼不平及路面积水等问题,影响村民出行。部分乡村内部道路须硬化;干道绿量偏少,在美化环境、遮阴纳凉等方面尚有欠缺。村庄排水系统不完善,存在内涝问题;部分水系有一定污染。

3.建筑与环境景观现状

(1)建筑现状分析

如图11-23所示,村内建筑多为村民自建房,缺乏统一规划设计,建筑风貌不佳。施工水平存在差异,建筑在风格、结构、材质、色彩、质量等方面参差不齐,建筑布局待规划改善。不同层数建筑数量较为接近。从分布区域看,一层建筑多分布于乡村内部,三层建筑多沿省道两侧布局,二层建筑在乡村内及省道两侧均有一定数量的布局。具体情况如下:一层建筑一般为20世纪八九十年代及以前建设的砖混和土房,屋顶样式为坡屋顶和平屋顶相互掺杂,有些为清水砖墙,有些为水泥裸墙,建筑质量一般,个别房屋十分破旧,已成危房;二层建筑多为2000年以后建设的砖混建筑,部分二层建筑带有独立卫生设施;三层及以上建筑多为近几年建设的混凝土建筑,建设时间不长,建筑质量较好。

图11-23 大通桥中心村建筑现状

(2)环境景观现状分析

宅前绿地比较杂乱,随意堆放杂物及垃圾,缺少绿化及硬化;道路质量参差不齐,道路两侧缺少绿化;对水体的利用不足,缺少滨水岸线设计,水体污染严重。村民住宅依序而建,具有一定的组织性,但是部分村民依托主屋随意搭建附属建筑,使乡村过于拥挤,建筑密度过大,影响生活质量。村内未设置垃圾箱和垃圾转运处理设施,且村民环境保护意识

较为薄弱,垃圾随地丢弃,杂物任意堆放,使得村内环境显得较为凌乱。道路、供水、供电等设施已建成,村域范围内设有公交线路,并配套有卫生室、幼儿园、便民超市等公服设施,但整体配套设施仍较缺乏。

4.产业现状分析

村域内现有产业基本为第一产业,即种植业,以小麦、玉米、油茶、板栗等为主,均属于传统农业种植范畴。同时,在村域范围内有通宝食品有限公司及水产养殖企业,有一定的产业发展基础。从现有产业情况可以看出,大通桥村产业基础一般,产业结构单一,以农作物种植为主,生产方式落后,因而产量低、整体效益低。但是,大通桥村水系丰富、耕地面积大,这为其以后发展水产养殖业和休闲生态农业,实现产业多样化发展奠定了基础。

三 规划总则

1.规划原则

(1)坚持规划先行,政策引导的原则。

编制科学的乡村整治规划,确定合理的整治项目,规范化运作程序,引导乡村整治朝着正确、健康的方向发展。

(2)坚持群众为主,政府帮扶的原则。

建立有效的村民参与机制,充分调动村民参与乡村整治的积极性;坚持政府主导,公共设施和公益事业的投入以政府为主。

(3)坚持因地制宜,突出特色的原则。

须特别注意将乡村与城市区别开来,尊重乡村建设的一般规律,坚持把改善村民生产生活条件作为乡村的最迫切需要。

(4)坚持以人为本,环境优先的原则。

以满足群众的实际需要为前提,尽可能保留原有房屋、原有风貌、原有绿化,尽量做到不砍一棵树、不填一个塘,切实维护村民合法利益。

2.规划定位

通过对"水""田""林""道"四大关键要素的整合,打造生态与人文和谐、有机现代农业与乡村新兴产业联动发展的幸福家园,尽显农村生态之美、生产之美、生活之美。

3.发展策略

大通桥中心村拥有一定的历史文化底蕴,但是缺少展现的空间场所。须力争解决现阶段存在村庄建设风貌不突出、文化底蕴挖掘不深入、展示设施匮乏等问题。根据城镇化的发展趋势,结合村庄布点规划要求,未来村庄各居民点的人口将呈现向县城流动及向大通桥中心村集聚的双向流动趋势。因此,村庄新增建设用地的需求不强烈,故其美丽乡村建设类型为"环境整治型",应从改善村民生产、生活、生态环境等方面提出整治措施。

（四）空间布局

1.总体思路

总体设计方案按照大通桥中心村四大特色要素("水""田""林""道")进行规划,如图11-24和图11-25所示。

图11-24 大通桥中心村美丽乡村规划方案平面图

水:梳理并提升乡村水系布局,美化乡村环境。

田:乡村内部融入田园要素,促进田院共融。

林:整合乡村林地景观,提升环境品质。

道:延续原有道路格局,升级阡陌交通。

2.空间结构布局

乡村空间布局延续原有肌理,突出以"水""田""林""道"为特色的田

园聚落布局,并增加相关配套设施。

图11-25　大通桥中心村美丽乡村规划方案鸟瞰图

3.土地利用布局

考虑到今后乡村拆并整合后乡村人口会有所增加,故在满足土地利用总体规划要求的前提下,在村南部规划少量住宅用地,同时兼顾乡村远景发展,留足发展备用地。

（五）产业发展规划

村域产业问题在于种植技术落后和加工企业规模过小,这导致经济势头不强,劳动力因外出务工而流失。村域产业需要充分考虑地方特色和经济效能,由政府组织引导,提升产效低下的种植业水平,盘活规模分散的养殖业。

村域经济发展策略:其一,确定主导产业为无公害生态农业;其二,培育"一村一品",将特色农产品种植与农家乐相结合;其三,规模集聚,合理整合开发,对同类特色产业集中统一管理。通过以上三大策略,推进现代高效农业发展,加强种植技术支撑,向高效循环经济转型。同时,利用乡村文化资源及农业果园,开展具有当地特色的文化展示、农产品采摘活动,吸引周边城镇的游客,发展旅游产业。

（六）建筑风貌规划

如图11-26所示,建筑改造前质量一般,建筑风貌规划可采取打扫残破空置住宅和搭建建筑相结合的方式来改善村内环境;通过将乡村内建筑外墙统一刷成白色、加入檐口木色线条、加入白色中式标志窗套、加入深灰色真石漆勒脚板、丰富绿化和添加景观小品等方法改善建筑风貌。

图 11-26　居住建筑改造前后效果

过境省道和村内主要大街两旁的建筑物改造包括建筑物立面修缮和店招店牌改造。将观感差的建筑外墙均匀刷白,加坡檐口,加入灰色窗套,浅灰色面砖勒脚板,统一广告牌的材质、尺寸,对沿街的强弱电管线进行梳理,统一布设排水管道。

(七) 基础设施规划

1. 道路工程规划

道路系统工程建设重点是村庄巷道的硬化与新建,增加停车设施,完善道路系统。村庄道路建设与村庄规模、村庄现状、地形地貌相结合,合理确定道路等级,形成环路,实现道路户户通,方便村民出行。道路顺地形,尽量利用原有道路,避让地质灾害隐患点等不良工程地质条件,按交通需求和现状合理确定道路宽度,部分路段设计错车加宽段。

因此,对路网布局时,基于乡村原有道路情况,确定乡村干道红线宽度为4.0—6.0米;乡村支路红线宽3.5米。规划结合健身活动场地,设置三处集中停车场,并沿乡村道路两侧适当布置停车位。主、支路采用水泥路面,步行道路材质优先选用块石、石板等材料或乡土天然材料。合理配置停车设施,允许车辆利用宅前空地停放,停车场地以铺砌植草砖为宜。为提高乡村对外通达水平,结合现有省道和公交线路,设置公交车站;设置路灯及指牌、路名等标识。村庄干道总长度约为2 000米,路面为沥青和水泥,道路现状较好,但是两侧缺乏绿化与路灯。村庄巷道总长度约为4 000米,大部分须整治与硬化,路边雨水沟须改造。新建

150个标准停车位。

（1）省道101沿线

改造前：两侧用地与道路衔接突兀；行道树缺乏，绿化景观营造不足；强、弱电私拉乱接现象严重。

改造措施：修补与硬化道路；增加道路行道树栽种，丰富植被种类；强、弱电统一整治。如图11-27所示。

图11-27　省道改造前后对比

（2）乡村内部道路沿线

改造前：路面破损，路面是裸露的黄土，绿化不足。强、弱电线路凌乱。

改造措施：浇灌沥青，硬化道路；增加道路行道树栽种，丰富植被种类；强、弱电统一整治。如图11-28所示。

图11-28　乡村内部道路改造前后对比

2.配套设施规划

通过相关政策积极动员、鼓励村民参与自主建设，因地制宜布置不同设施，以确保居民生产、生活的便捷性。引导村民将自家住宅改造建设为公共服务设施，为乡村第三产业做贡献。完善公共设施，建设便民服务中心、幼儿园、监控探头等配套设施。

3.排水体系规划

如图11-29和图11-30所示,在排水体系上实行雨污分流的方式,雨水的排放要根据地形特点设置排水明沟,排放则根据地形的不同遵循就近排放的原则。村内主、次干道均应建一侧或两侧排水明沟。为保持雨水的洁净,雨水排放系统要定期检测和清洗。主排水明沟的横截面应达到300 mm×300 mm和200 mm×200 mm的标准。

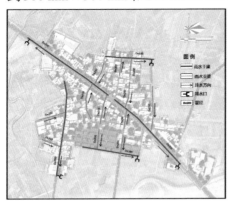 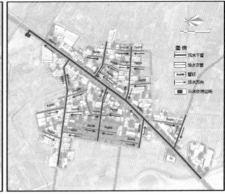

图11-29　大通桥中心村雨水排放工程规划　图11-30　大通桥中心村污水排放工程规划

4.电力、电信规划

在村委会西侧设置变压器一处,接镇域电力主干线,如图11-31所示。村电力线网今后将采取架空式布局,分为供电主干线与支线、用户支线为220 V线,但要避免私拉乱接,保持线路整洁。规划村电信线网与镇域内的电信线网干线相接,设交接箱1处,利用地埋式架设电信线,如图11-32所示。

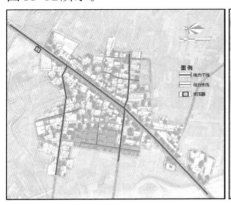 

图11-31　大通桥中心村电力工程规划　图11-32　大通桥中心村电信工程规划

5.照明系统规划

乡村内部目前无路灯。规划共设置路灯44盏;在省道及乡村内部主要道路上设置高杆路灯,每50 m安装一盏,单个灯具高度约5 m。省道线路上路灯沿道路两侧设置,乡村内部沿主要道路单侧设置。

（八）生态环境规划

1.垃圾处理系统规划

垃圾处理包括乡村内部垃圾清理、垃圾收集与公厕设置。对现有房屋前后的建筑废料和生活垃圾要及时进行清理。结合现有房屋及当地实情,增添可移动型垃圾桶,完善垃圾收集和分类系统,原则上按照70 m服务半径放置垃圾桶,总共安放垃圾收集桶点38处,垃圾收集后集中运送至县城处理。如图11-33所示,整个村庄完成408户卫生改厕,户用卫生厕所普及率超过90%;拆除全村的露天粪坑和简易茅厕,结合村委会及乡村内部空地设置2处公厕。

图11-33　公厕改造前后对比

2.污水处理系统规划

污水处理要采取分散处理与集中处理相结合的方式;生活污水处理率超过90%。接乡村西北部的污水处理站。乡村规划范围内的污水处理全部通过污水管道集中于乡村西北部的污水处理设施进行统一处理,处理过的污水可用作观赏或用于灌溉。

3.绿化整治规划

重点环境整治对象为村口空间和主要节点,以期提升村容村貌,如图11-34和图11-35所示。开展乡村道路、水体沿线、庭院和乡村周围绿化整治,促成乡村建成区绿化覆盖率达40%;村前屋后因地制宜发展小菜园、小果园、小竹园、小花园、小茶园等,实现庭院美化;乡村绿化宜坚持"适地适树"原则,以乔木、乡土树种为主,灌木为辅,倡导自然式种植。

图11-34　村委会绿化提升效果　　　图11-35　村庄入口绿化改造效果

（1）宅前屋后绿化

充分利用宅前屋后的空间,塑造以小尺度景观为主的绿化空间,"见缝插绿",不留裸土,切实提升村民的生活环境品质;树木花卉结合地形地貌自由种植,采用乔木与灌木搭配、常绿与落叶相结合的方式,形成丰富的院落空间。还可利用空地布置农家菜园,菜园外围统一设置木栅栏,内部可种植行道树,丰富景观空间。

（2）路旁绿化

依据村内道路等级及两旁建筑物的距离远近,可选择丰富多变的绿化栽植形式,让绿化和建筑空间的关系变得疏密有致,相互衬托。植物选择应以灌木花卉为主,避免趋同于城市化的绿化种植模式。

（3）公共活动场地绿化

乡村内部村民活动场地及空闲场地的现有植被给予保留,可相应布置环境小品,做到简朴亲切,营造出别致宜人的景观效果。

4.水环境整治规划

对乡村内部水体进行清淤处理,净化水体周围的环境并清理垃圾;对驳岸采取人工加固、自然驳岸绿地种植、水土流失控制等措施;水塘驳岸宜顺着岸线的自然方向,并尽可能采取生态景观护岸的形式。植物配置采用人工与自然恢复相结合的方式,植物种类主要为耐水植物与水生植物,创造出自然式滨水植物景观。沿水塘主要栽培柳树。水塘内主要养植自然水生植物,增加水塘景观的丰富度。

九 乡风与文化规划

结合现有乡村文化资源设立历史及民俗文化体验区,例如农耕文化园,民俗艺术舞台,农业展览区,瓜果采摘园,民俗文化体验区,历史主题民宿体验区,农产品品尝及购买区,桃、梨花海摄影观光区,古都文化产品展销区等;扩建图书馆、文化活动室及文化大舞台,丰富村民的精神文化生活(图11-36)。

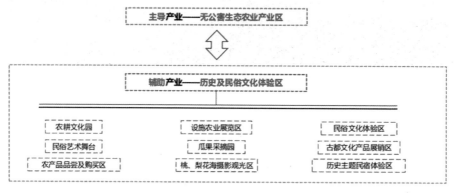

图11-36 历史及民俗文化规划

第三节 肥东县杨店乡许岗中心村美丽乡村规划

一 现状概况

1. 项目背景

现阶段,中央和地方大力落实乡村振兴战略,美丽乡村建设成为其中的重要环节,推进乡村生态环境保护和治理是美丽乡村建设工作的一个重点。在此背景下,安徽省以农村环境"三大革命"为重点,推动美丽乡村建设再上新台阶。肥东县不断推动传统村镇、交通干线、环境"三集中,一提升"专项整治行动,巩固美丽乡村建设成果,不断完善建后管养长效机制。杨店乡许岗中心村美丽乡村建设直接推动乡村振兴进程,为下一步国土空间规划奠定基础。

2.区位分析

杨店乡位于合肥市肥东县北部,西与白龙镇接壤,北、东与八斗镇交界,西南与牌坊回族满族乡毗连,东南与梁园镇相邻,距县城30 km。杨店乡辖14个行政村,170个自然村,目前全乡有36 891人,9 594户。

如图11-37所示,许岗村位于杨店乡北部,全村共1 917人、422户,耕地面积182.7 ha,辖19个村民组。美丽乡村建设规划至2035年,许岗村由10个自然村提升为1个中心村、3个自然村的布点结构。

3.规划范围

许岗中心村东与杨店社区相连,北与八斗镇接壤,西与麻朱村相邻,南与岗领村交界,规划面积14.3 ha。规划范围划定的依据:①村庄现有的建设范围;②土地利用规划确定的范围;③现有村庄四周水系、基本农田等限制;④村庄布点规划中村庄撤并意向。本次规划范围为村庄建成区;对于规划范围以外的可建设用地,规划作为后期村庄发展预留地,如图11-38所示。

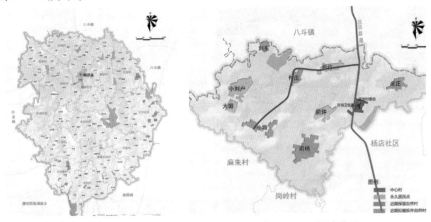

图11-37 许岗村区位图　　　　　图11-38 规划范围

(二) 现状分析

1.环境条件

现有村庄地势平坦,村庄四周分布有较多沟塘。这些沟塘主要是为了收集雨水及村庄中的生活用水和污水。图11-39为许岗村的水塘现状。由图可知,现有水系不连贯,沟渠多处杂物、垃圾乱扔,生活污染性用水、养殖废弃物不做净化而直接排放,都会导致乡村地下水的污染;沟

渠河岸基本裸露,植被覆盖较少,景观性比较差。另外,乡村地下水水质恶化严重,极大影响了乡村居民的生活及健康。

2.土地利用现状

如图11-40所示,红线范围内为村庄的建设用地,主要作为村民居住用地和道路用地,村内主干道从主要建筑两侧经过,村中间有农田穿插,周边布有水塘。村民居住用地沿道路两侧布置,整体较集中,建筑密度适中,局部建筑密度过大,建筑布局总体松散。

3.建筑现状

现有建筑质量参差不齐,如图11-41所示,大部分建筑质量一般,二层建筑和部分一层建筑质量较好,部分临时建筑质量较差。村庄现有建筑绝大部分为低层建筑,以一层建筑为主,部分为二层建筑。

图11-39　许岗中心村水塘现状　　图11-40　许岗中心村土地利用现状图

图11-41　许岗中心村建筑现状

4.道路现状

村庄内主要道路为"十"字形道路,村庄主干道路已硬化,其他支路均为砂石路或土路。乡村道路过去并不显得狭窄,主要是因为过去交通工具少,尤其是机动车少。但是,随着村民收入的增加,汽车的普及,很多村子几乎家家有车,而车的宽度一般在1.8 m左右,这就造成了道路错车困难,尤其在春节等节假日的时候。

部分乡村道路存在坑坑洼洼、下雨存水现象,道路断裂等情况时有发生,这与乡村不断建房导致道路路基越来越低有关,也与乡村道路没有定期维护且修建质量不高有关。村庄道路现状如图11-42所示。

图11-42　许岗中心村村庄道路现状图

5.公共服务设施现状

许岗中心村内主要公共服务设施有村居委(含图书阅读室、文化交流室、邮政网点、公共服务中心)、卫生室等。沿街部分建筑为商店,基本能满足居民平时需求。

6.基础设施现状

(1)供电:村庄内现有一处变压器设施,接自镇变电所,现有电力线路较为混乱。

(2)供水:通自来水,接县自来水厂。

(3)排水:雨水、污水排放随意。

(4)照明:村内有路灯。

(5)环卫:村内无公共厕所,村庄道路两侧有垃圾桶,配有环卫工人。

三　规划总则

1.规划原则

(1)因地制宜,彰显特色

利用许岗中心村在规划区中的地理优势和独一无二的资源,因地制宜、突出当地的特点,深挖当地的自然生态和传统历史文化,规划功能区

段的划分,使乡村自然资源和公共资源发挥出最大的作用,实现资源的最优分配。本次规划因势利导,以生态为支撑,有序推进水利、土地治理、村庄环境整治和生态开发的融合,实现城乡统筹一体化发展,紧扣"生态、富民"两大目标,充分彰显许岗中心村区域特色。

(2)生态为本,富民为根

将保护和优化生态环境放在首位。围绕"固水岸、复生态"的理念,打造"水清、路畅、岸绿、景美"的生态格局,对于生态河道和驳岸的规划采取科学合理的方式,不断加强生态环境的自我修复能力,保障水体质量,增强环境保护与监管能力。依托许岗中心村原有资源优势,引导和鼓励村民通过多种形式参与其中,让村民成为许岗中心村美丽乡村的建设者和受益者。

(3)统筹规划,协调发展

规划紧密结合新一轮农业结构调整,基于区域独特的资源禀赋和发展基础,明确主导产业、支撑产业、跟随产业的定位及发展方向,明确主要功能区域和重点产业项目,科学确定开发内容和时序,运用一体化发展战略,打造许岗中心村生态完整、功能多样、业态丰富的新格局。同时,按照"特色+生态"的发展思路,通过示范推广、以点带面,加快推动许岗中心村及周边区域的建设发展。

(4)顺应广大村民过上美好生活的期待,统筹城乡发展,将生产、生活、生态融于一体,以建设美丽宜居村庄为导向,以打造生态保护型美丽乡村为目标,持续深入推进美丽乡村建设,努力让农民过上幸福生活,为农民打造美好家园。

2. 规划定位

根据《安徽省村庄规划编制标准》及《合肥市中心村村庄规划编制导则》,严格落实基本农田和生态保护要求,在对未来发展趋势进行预测的基础上合理布局村域空间,对用地布局、宅基地等进行合理规划利用。

结合许岗村现状及发展,规划定位以自然环境为支撑,以农业升级为导向,以提高村民生活幸福感为目标,充分结合现状特点,以周围农地为背景,创造拥有完善的现代化生活设施,独具人文化、活力化、宜居化的特色化居住地的美丽乡村。要集思广益,充分吸纳和接受各方意见,从实际出发,让村民成为主要参与者。

3. 发展策略

(1)基础设施建设:家家户户之间道路彼此串联,硬化率100%,环卫基础设施配备完善,主次道路排水配套完善,亮灯率100%,完善村内文化健身广场、电网改造、公共厕所新建、道路绿化等建设。

(2)景观绿化:完成村内坑塘整治,完善道路绿化、宅前屋后绿化、水系绿化等。

(3)建筑风貌:在原有乡村建筑的基础上统一协调村庄建筑风貌。

(4)产业发展:以粮食种植、果蔬种植为基础,加强现代农业的发展,利用现有水资源,发展水产养殖业。

四 空间布局

1.总体思路

如图11-43、图11-44所示,贯彻美丽乡村建设的思路,突出特色、改善道路状况、完善基础设施、美化环境,以切实提升村民的居住环境为宗旨。实施净化工程、改水改厕工程、硬化工程、亮化工程、绿化工程与美化工程。

图11-43 许岗中心村美丽乡村规划平面图

图11-44 许岗中心村美丽乡村规划工程布局图

145

2.空间结构布局

村庄采纳"一心一轴两组团"的空间格局,"一心"指公共服务中心;"一轴"为村庄发展轴;"两组团"为村庄居民、居住组团。

3.土地利用布局

村庄规划建设用地主要分为村民住房用地、公共设施用地、道路用地、农林用地、其他建设用地和水域。以村民住房用地为主,农林用地、水域基本保持原状不改变。

(五) 产业发展规划

许岗村是传统的农业村,种植业和养殖业刚刚起步,主要农作物为小麦、水稻。因此,确定许岗中心村主导产业为高效农业种植业,辅之以乡村旅游业。基于区域农业基础雄厚、自身农业条件较好、交通便利及政府支持的优势,产业发展规划对其提出以下产业发展策略。

(1)培育"一村一品",将特色农产品种植与农耕体验相结合,重点打造一批具有较强带动能力的特色农产品,在此基础上培育形成一批区域品牌和企业品牌。以特色农产品种植为基础,增加农业生产过程和农业生态环境的吸引力和感染力。

(2)推进现代农业发展,推动农业循环经济及种植业、养殖业发展。积极推进农业现代化,大力发展优势特色产业,推进农业产业化经营,提升农产品加工水平。

(3)形成规模,合理开发,通过土地流转实现耕地集中统一管理。坚持以家庭承包经营为基础,完善以家庭承包经营为基础、统分结合的双层经营体制,促进农业适度规模经营的发展。

(4)发展体验观光旅游,充分挖掘地方特色资源。在旅游开发过程中,要积极挖掘和保护地方特色资源,努力提高旅游资源的品质,增加旅游资源的价值。在开发体验观光旅游时,要注重对当地风土人情的深入挖掘。

(六) 建筑风貌规划

采用政府主导,企业、村民参与的模式,将政府、企业、村民三者结合,确定政府负责引导、企业负责投资、村民参与的建设方式,三者各自发挥优势,参与村庄建设。

(1)一层建筑新建(院落式):建筑层高为3.6 m,屋顶采用坡屋顶,铺

设小青瓦,风格简洁大方,与当地居民生活相吻合。建筑采用砖混结构;
外立面以灰白色为主,如图11-45所示。

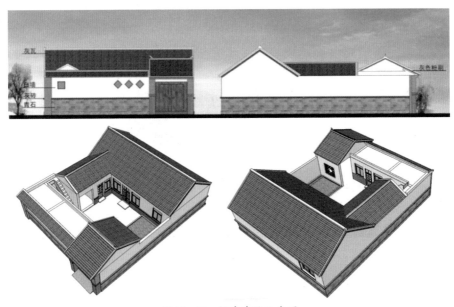

图11-45　新建建筑示意图

(2)二层建筑新建(院落式):屋顶采用坡屋顶,铺设小青瓦,建筑主
体为砖混结构;外立面主要用白色涂料和淡蓝色涂料。

(3)建筑风貌提升

墙体:主要用普通烧结红色黏土砖堆砌自然墙面,部分农宅用水泥
砂浆抹墙面,外用涂料刷白和彩色瓷砖贴面。

屋顶:主要采用红色混凝土瓦面和黑色混凝土瓦面,部分采用彩钢
瓦面。

围墙:大部分采用红砖堆砌,部分采用水泥砂浆抹面和涂料刷白。

（七）基础设施规划

1.道路工程规划

与乡村道路畅通工程相结合,将乡村中的主干道进行拓宽改造,将
村内主干道进行硬化处理,提升交通的便利性,如图11-46所示。

(1)保持肌理,梳理路网。根据村庄内部现有的道路状况,对现有的
沙石土路进行硬化处理,并在路面上铺设水泥。

（2）组织人员对周边废弃建筑进行全面拆除，对道路两侧建筑垃圾及杂物进行清理，在道路沿线增加绿化改造，有效改善人居环境。

（3）结合村庄规划，统筹考虑道路交通、停车等公共服务设施建设，合理组织安排停车，减少车辆对村庄生产、生活的影响。

（4）完善道路设施建设。进一步完善乡村道路路灯设施，对乡村主要道路和部分路段的路灯进行补充完善。

图11-46 道路整治示意图

2.配套设施规划

按照因地制宜、资源整合、简易适用的要求，在有需要的地方，利用现有设施，结合村级组织活动场所建设等项目，统筹改造或建设农村综合服务中心，健全规范基层综治维稳信访工作站。提高宽带普及率。

（1）新建村部

在现有公共服务中心处新建村部。

（2）综合广场

综合广场作为村里的"会客厅"，是为村民提供休闲娱乐、文化活动的场所。它既是展示村庄文化的窗口，又是村庄一道靓丽的风景线，如图11-47所示。

图11-47 综合广场示意图

3.电力、电信工程规划

电力网线以架空布置为主,后期结合规划,将弱、强电分离,部分弱电改为地埋式。对于电话线、广播线、有线电视、宽带网络接入接收点的布置应沿村庄内部道路铺设,布置原则是沿着路西或路北布置。

4.综合防灾规划

(1)消防:集中居民点和林地是消防工作的重点,其消防通道要保证流畅,消防车通道路面宽度不应小于4 m。

(2)地质灾害:根据现状资料的搜集可知,许岗社区并不存在地质灾害的隐患点。

(3)防洪:将十年一遇的防洪标准应用于村域内的河渠防洪工作中,避免采用工程性防洪设施,全部采用生态型防洪设施。

(4)抗震:历史上村域内并没有发生过地震,主要结合广场、空地来为村民提供防灾避难场所。

5.照明工程规划

在村庄主干道和公共活动区域,利用多种方式安装简易路灯,进行适度亮化。

村庄内主要道路按单侧每30 m布置一盏高杆路灯,支路单侧每50 m布置一盏路灯,游园设景观灯。道路两侧规划路灯杆高7.5 m,规划采用LED节能灯具。

八 生态环境规划

1.净化工程规划

净化工程包括乡村内部垃圾清理、垃圾收集与公厕设置,如图11-48和图11-49所示。

图11-48　入户垃圾桶　　　　图11-49　公厕整治示意图

现有问题:垃圾缺少分类,缺少公共厕所。

治理目标:以50 m距离布置垃圾收集点进行垃圾分类,垃圾统一运送到垃圾处理站处理,垃圾做到日产日清。建立公共厕所,鼓励厕所进院入室。

具体措施:将垃圾回收运输形成体系化处理,将中心村垃圾转运到距回收站较近的村庄,生活垃圾可按照"户、村、镇、县"逐级处理的方式进行聚集、回收、转运、处理;其他村庄的生活垃圾可通过"户、村、镇"逐级处理的方式进行回收处理。选择符合乡村垃圾处理标准的方式对垃圾进行处理,以农户家庭为接口,强化垃圾分类管理与引导,建立资源回收系统,推行卫生化的填埋、焚烧发电、堆肥等方式对垃圾回收利用。鼓励村民利用院内墙体新建厕所,充分利用现有旧砖、旧瓦、旧材料,降低厕所建设成本。

2.污水处理系统规划

污水管道和其他污水处理设施的设计要与场地的特性相适应,通过污水管网排放特点及重力流来设计管道。

将分散处理作为中心村污水处理的主要方式,具体可分为分户式和联户式两种,同时采用整体式粪池、三格式粪池等预处理设施,因地制宜进行污水治理。有其他需求且有条件的地方,可以采用经济、简易、工艺可靠的无动力、微动力处理技术将污水进行集中处理。距离城镇污水集中收集系统较近的村庄可以直接接入系统,集中处理污水。生活污水处理率须超过80%。

(1)污水排放。排水管网和其他污水处理设施的布置需要考虑地形特点,管道排放的污水要按照重力流设计。污水排放前,一般的预处理方法都是通过化粪池进行。考虑到村庄的现有地形,采用地埋式污水处理设施。污水经过处理后可自然排放。

(2)污水处理。污水的处理推荐采用地埋式污水处理设施。地埋式污水处理设施是乡村污水深度处理的有效设施,可净化农村环境。规划设置1处地埋式污水处理设施。

(3)处理量计算。远期规划中心村常住约1 000人,污水转化率按90%计入,1 000×120×90%=108T/D。

3.雨水工程规划

(1)排水体制:排水管网采用雨污分流制。

(2)雨水排放:利用沟渠排放,采用地表径流的方式,让雨水汇入池塘、河流中。雨水排放要充分利用道路两侧的管道和沟渠,利用明沟、暗沟相结合的方法。

(3)水系整治:将现有雨水边沟硬化,在入户处设盖板。

4.乡村绿化规划

推进村庄道路绿化(图11-50)、水体沿岸绿化、庭院和村庄周围绿化建设,以乔木、乡土树种为主,灌木为辅,倡导自然式种植,推广小菜园、小果园、小竹园、小花园、小茶园等,改善村庄生态环境。小果园可选择桃树、梨树、石榴树等。小花园可选择长寿花、菊花、风信子等。

图11-50 道路绿化效果图   图11-51 屋前绿化效果图

路旁多种植果树、灌木及丰富的花卉,屋前要形成菜地景观,如图11-51所示,菜地中适当种植果树,以便进行菜地维护,借助篱笆种植的果树要形成观赏景观,具有经济价值,并配置廊架、花池等景观小品来美化乡村,提高乡村的观赏度。

乡村屋前菜园是乡村自给自足田园生活的体现,是乡村田园风格的微观写照。

5.河沟渠塘疏浚清淤

整治疏浚河沟渠塘,加强桥涵配套设施的建设,实现水系畅通、水体清澈的目标,如图11-52所示。

(1)现有问题

现有水系不连贯,多处沟渠有杂物、垃圾乱扔现象;沟渠岸边基本裸露,植被覆盖较少,景观性比较差。

(2)整治措施

对水系进行贯通处理,让死水变活水。对水塘岸边进行打造,清理河岸垃圾。对现有雨水边沟排放设施进行硬化处理,在入户处设盖板。

(3)驳岸设计

驳岸设计结合现状,以自然缓坡为主,对驳岸进行加固,部分驳岸可采用松木桩护岸和硬质驳岸。

自然缓坡：河塘驳岸尽量随岸线自然走向，宜采用自然斜坡形式，并以生态驳岸形式为主。考虑其功能，应采用硬质驳岸时，硬质驳岸不宜过长，以卵石、素土等乡土材料为主。

图11-52　沟塘净化示意图

驳岸加固：部分水系驳岸根据需要采取驳岸加固措施。在断面形式上应避免直立式驳岸，可采用台阶式驳岸，并通过绿化等措施优化生态环境。

松木桩护岸：主要水塘有通行要求的路段采用松木桩护岸加固，增加安全性，种植菖蒲、芦苇等水生植物。

硬质驳岸：重要景观节点采用石笼生态驳岸，或设置木挑台等增加亲水空间。

6.水系整治

对现有道路旁水渠进行硬化处理，做雨水边沟。总长度为3 980 m，宽度为0.8 m。对现有水坝进行硬化处理，做生态护坡，沿塘道路铺青砖，道路旁放置具有乡村气息的座椅，沿水塘设护栏。

九 乡风与文化规划

1.乡村民俗建设

（1）民俗保护：在政府的支持下推进产业联动，建设民俗博物馆、文化馆等，这样既能保留当地民俗文化的多样性，又能推进乡村振兴。随着网络科技的迅猛发展，安徽省民俗文化也着眼于网络传播的创新变革,力求通过线上、线下的充分融合不断提升民俗文化的发展水平。构建互联网民俗文化生态圈,方便用户了解和学习当地民俗文化。借助网络传播,在民俗文化传承的基础上带动经济社会的进步。

(2)民俗建设:发展当地文旅产业、文化创意产业,培育民俗技艺体验基地,建设传统工艺作坊,组织非遗产品展销,在非遗多样化保护中突显民俗文化特色。在产业化培育中提升非遗文化保护水平,在传承弘扬地域文化的基础上助推乡村振兴高质量开展。把打造文化创意产业作为彰显民俗文化内涵与转变生产方式相结合的重要举措,逐步形成集技能培训、设计、开发和产业园区展示等功能于一体的产业链,助推民俗文化资源优势向经济产业优势转化。

2.文化规划

(1)乡村入口

乡村入口是彰显乡村文化的重要窗口,入口建设需要结合当地文化特色,彰显当地文化风采,如图11-53所示。在许岗中心村入口处设计入口标识,使其具有一定的指引作用。

图11-53 乡村入口效果图

(2)文化广场

文化广场是乡村思想建设的重要阵地,进行文化广场建设时,要注重精神文化的宣传,在广场侧设置宣传栏(图11-54),同时进行绿化建设,放置健身器材。打造有设施、有文化、有人气的"三有"广场,如图11-55所示,提高村民幸福感。

图11-54　宣传栏效果图

图11-55　文化广场效果图